小学生气象科普

气象神探贝贝狗 系列 ⑦

天外来箭

朱应珍 著
陈绯旸 绘图

气象出版社
China Meteorological Press

图书在版编目（CIP）数据

天外来箭/朱应珍著.—北京：气象出版社，2012.1

（小学生气象科普.气象神探贝贝狗系列；7）

ISBN 978-7-5029-5330-0

Ⅰ.①天… Ⅱ.①朱… Ⅲ.①气象学–少年读物 Ⅳ.①P4-49

中国版本图书馆CIP数据核字（2011）第224735号

Qixiang Shentan Beibeigou Xilie⑦——Tian Wai Lai Jian

气象神探贝贝狗系列⑦——天外来箭

出版发行：	气象出版社
地　　址：	北京市海淀区中关村南大街46号
邮政编码：	100081
总 编 室：	010-68407112
发 行 部：	010-68409198
网　　址：	http://www.cmp.cma.gov.cn
E-mail：	qxcbs@cma.gov.cn
责任编辑：	崔晓军　姜　昊
终　　审：	周诗健
封面设计：	博雅思企划
绘　　图：	肆点半动画工作室　陈绯旸
责任技编：	吴庭芳
责任校对：	永　通
印　　刷：	北京中新伟业印刷有限公司
开　　本：	880mm×1230mm　1/32
印　　张：	4.25
字　　数：	49千字
版　　次：	2012年1月第1版
印　　次：	2012年1月第1次印刷
印　　数：	1—6000
定　　价：	9.00元

本书如存在文字不清、漏印以及缺页、倒页、脱页等，请与本社发行部联系调换

序

　　少年儿童是祖国的花朵，是国家的未来，特别需要全社会的精心呵护。我国是世界上气象灾害频发的国家之一，在自然灾害中气象灾害占70%以上，而少年儿童又是防御自然灾害最薄弱的环节之一。人们不会忘记，2005年6月黑龙江省沙兰镇一场突发性局地暴雨引发的山洪夺去了107名小学生的生命；2007年5月重庆开县的一次雷击造成7名小学生死亡、几十名学生受伤……这些惨痛的教训，充分印证了加强少年儿童的气象防灾减灾科普教育的重要性和必要性。党和国家历来十分重视少年儿童的防灾减灾科普教育工作，胡锦涛总书记多次强调，要将防灾减灾知识纳入国民教育。因此，防灾减灾从娃娃抓起，使少年儿童树立良好的气象防灾减灾意识，提高自救互救基本能力，非常重要，意义深远。

气象科普是气象科技联系经济社会发展和人民生产生活的重要纽带，也是推动气象事业科学发展，提升公共气象服务能力，发挥气象服务效益的重要途径。气象出版社以气象防灾减灾为主体，组织编写出版《小学生气象科普》系列图书，正是气象事业和出版事业以人为本、服务社会的体现。为此，我感到十分欣慰，也很高兴写《序》，向广大的少年儿童推荐此系列图书。

《小水珠系列》通过两滴来自不同星球的小水珠的偶遇和忽天忽地的结伴旅行及那门变幻莫测、绝伦无比的"气象炮"的神通广大，把许多常人不易明白的天气、天象变化原理，诠释得恰到好处，比如说大多数人都知道台风破坏力极大，但小水珠却因落进了台风眼而安然无恙，这些一波三折故事的叙述，让小读者在担心之中很容易理解其中的气象知识。

《森林村的小气象迷系列》通过小猴子、小梅花鹿、小蜜蜂、小蚂蚁、小恐龙、小灵猫这些比较可爱、孩子们又比较喜欢的动物形象来展现故事情节。这些森林村的小动物在日常生活中总会碰到这样或那样与天气有关的问题，而对同一个问题大家都会根据自己的理解去解释，从而产生出不同的答案。本系列图书在解决矛盾冲突、给出正确答案的过程中，把风雨雷电、阴晴冷暖等枯燥抽象的气象知识活灵活现地呈现在小读者面前。

《气象神探贝贝狗系列》描述了森林村的小动物在生活中遇到的不少难以破解的案例，这些案例有的导致动物死亡，有的造成植物毁坏，有的引发集体生病……气象神探贝贝狗利用自己掌握的气象知识破解了一个个难解之谜。我想这些故事能启发小读者，如何趋利避害合理利用气象知识。

以上图书语言简洁、活泼、有情趣，行文中运用了孩子的口气，不仅能吸引少年儿童，成年人看后，也会意犹未尽。不难看出，作者是在力求吃透气象知识的科学原理，抓住其本质，把气象科普知识以最贴近实际、最贴近生活、最贴近群众的方式展现给读者。希望这些图书能被小读者喜欢，也希望后续品种能越做越好，力求在气象科普宣传战线上出现越来越多的精品图书。

最后，愿借写此《序》之机，希望广大气象工作者认真奉行"以人为本,无微不至,无所不在"的气象服务理念,重视气象科普工作;广大气象科技人员能够多花点时间,创作更多的气象科普图书;气象出版社组织更多的力量,多出气象科普图书,特别是多出精品,常出精品。通过各方面的持续努力,一定会使气象科普根深叶茂,兴旺发达,为人民安全福祉做出新的更大的贡献!

愿气象科普之花在神州大地盛开,芬芳四溢,香满人间!

郑国光

2009年8月1日于北京

前 言

随着森林村的名气越来越大,想来森林村居住的动物也越来越多,有大型动物,也有小动物,但都是一些表面看起来很温顺的动物。所以,村里原来的居民对新居民的加入都很欢迎,人多热闹嘛。

但是居民一多,不同的习性,不同的性格,在日常生活中,就不可避免地会产生这样或者那样的矛盾,遇到脾气好的动物,大家沟通一下,矛盾就化解了;碰到脾气暴躁的动物,就很有可能发生打架斗殴等刑事案件。不过,动物们常常会碰到一些不是因为动物间闹矛盾发生的案件,而是由于其他原因引发的,叫人摸不着头脑的离奇案件。

为了森林村的和谐与平安,村里特意建立了侦探所,负责人就是最安分守己,并且极其聪明的贝贝狗。他的助手是虽然顽皮，但同样遵纪守法的小狗球球，法医是知识渊博的白猫咪咪。森林村还为侦探所特意配备了一辆汽车，司机是贝贝神探的好朋友小乌龟宝宝。

　　森林村常发生的那些不明原因的案件，经过贝贝分析之后，认为从表面上看很多都是气象原因引发的。但是，让他更深入地去分析这些原因，他又说不清楚。因此，森林村决定派贝贝到气象学院学习刑侦气象学，掌握如何利用气象知识来破解那些不是人为的，而是气象原因造成的案件。

　　半年的学习时间很快就过去了，贝贝通过认真学习，掌握了利用气象知识破案的本领，不仅侦破了发生在森林村的一系列错综复杂的案件，也为自己赢得了"神探"的美誉。

朱应珍

2011年10月1日

目录

突然断裂的木桥

2 / 坚固的木桥突然断裂
9 / 奇怪的木头断面
16 / 谁锯断了桥墩
24 / 发现作案者
29 / 红毛猩猩为报仇而犯罪

意外来箭

38 / 梅花鹿北北耳尖被削
44 / 寻找凶器
51 / 探测到可疑物
59 / 谁想害北北
66 / 小灵猫是凶手吗
73 / 凶器是小灵猫的

80 / 风是帮凶

白骨疑案

88 / 西西想开荒种地
96 / 挖出白骨
103 / 白骨越来越多
110 / 动物为何成群死亡
118 / 老鼠是元凶

突然断裂的木桥

坚固的木桥突然断裂

随着森林村的范围不断扩大,原来地处村子旁边的河流,现在成了流经森林村中间的一条内河。另外,由于居民的数量增加得太多,用水量越来越大,大家就动手把河道挖宽了20多米。这下,河流是宽了,交通却不方便了。为了方便河流两岸居民们的来往,森林村在河上建了一座很结实的木头桥。

木头桥的桥墩是用耐腐蚀、不生虫的乌木中的青冈树制作的,就连桥上的护栏、桥面也都是乌木类的板材做的,相当结实。桥面很宽,能同时行驶两辆大汽车。

能工巧匠还在木头桥的护栏上雕刻了许

突然断裂的木桥

多美丽的图案,把木头桥建成了森林村一处风景秀丽的**景观点**。

每当天气晴好时,总有不少的动物喜欢站在木头桥上,眺望流向远方的河水,或者看河水从远处欢腾着流过来,有的则是低头观看河水中戏水的鱼儿。这里常常能听到孩子们的欢笑声:"快看,那儿有一条红色的小鱼。""瞧,那儿有一条很大的鱼。""快看,快看,那群鱼真多!"

总之,站在大桥上,能让大家感到**心旷神怡**,什么烦恼也没有了。并且从河面上吹过来的微风从身边刮过时,那个舒服劲,就甭提了。

不过,这条大河并不是一年四季都能让居民感觉高兴的景点。每年的6月份,森林村几乎都要降好几场滂沱暴雨,暴雨使河水漫过河堤,淹没村子里的大街小巷,让居民们伤透了脑筋。

去年,居民们经过多次讨论,大家动

气象神探贝贝狗系列

手,加高了河堤,大水漫过河堤的现象就再也没有发生过了。不过,当**河水泛滥**时,原来清澈的河水便会变成一条凶恶的黄龙,湍急的河水不停地翻滚,那些可爱的大大小小的鱼也不见了踪迹。这时来大桥上观景的动物就明显减少了,只有个别闲得没事的动物才会站在大桥上观看桥下奔腾的河水。

今年刚进入6月份,暴雨天气就开始光顾森林村。那一天,早晨一起床,大家就感到了天气的闷热,天空布满了灰色的云层。

恐龙西西和小灵猫以及他们的朋友不堪忍受天气的闷热,一起来到大桥上,只有站在木头桥上,才能感觉到阵阵的凉风。风能扫去空气的沉闷,让**心情变得愉快**。

西西他们一走上木头桥,就发现河水很湍急、很混浊,水位也很高。但只要桥上有风,桥下的河水流得快与慢又有什么关系呢?他们有的站在桥上,有的趴在桥的护栏

突然断裂的木桥

上,眼睛看着河水,嘴上在**东扯西拉**地聊天。

猴子东东今天有出车任务,要进城帮熊猫超市进货,到城里去要经过这座木头桥,当大卡车开到大桥上时,那些闲聊的动物都转过脸来,**争先恐后**地和东东打招呼。

谁也没有想到,当卡车开到大桥中间

气象神探贝贝狗系列

时，只听到轰隆一声巨响，在木头桥上聊天的动物与大卡车随着断裂的大桥一起坠落到湍急的河水中。勇敢的西西冲到汽车驾驶室旁，用力拉开车门，把东东拖了出来，拉着他的手一起朝河岸边游过去，并很快就爬到了岸上。

这时，只听到河水中一片呼救声，那是随着大桥的断裂落入水中的其他动物在呼喊。幸好大桥是木头做的，因为木头的密度小，所以能浮在水面上，落入河水中的动物纷纷抓住断桥的残骸，随河水急速地往下游漂去。

住在河岸两边的动物听到呼救声纷纷跑出家门，正在岸边跑步的球球赶紧组织居民们找绳子和石头，他们把绳子的一头拴上石头，然后朝那些落水的动物身边扔过去，只要有一个动物抓住了绳子，就可以把绳子系在木头上，岸上的动物一起动手拉，便能把这些落水的动物给救上来了。

球球抓住绳子用力往河水中扔过去，可

突然断裂的木桥

惜他的**力气太小**，石头落下的地方离那些落水的动物还差一半的距离。

由于河水把破木头和落水的动物又往下游冲了一段距离，岸上的动物也跟着往下游跑了一段距离后，球球又扔了一次绳子，这次他可是把吃奶的力气都用上了，扔得距离比上一次远了一倍。落水的小灵猫刚伸出手想抓绳子，但由于水流太急，很遗憾没有抓到。

岸上的动物们**七嘴八舌**地说道："球球真笨，扔个绳子都扔不好。""球球没劲儿，换别人来扔吧。""球球这个办法不行，快想想其他的办法。"

球球在一边气得要命，心想："你们这些家伙**真讨厌**，有好办法你们拿出来呀。说我笨，我看你们更笨。"

西西和东东这时也加入到救落水动物的行列中来了。

东东说："我看球球的办法不错，没有其他更好的办法了。只是他的力气太小，并且，

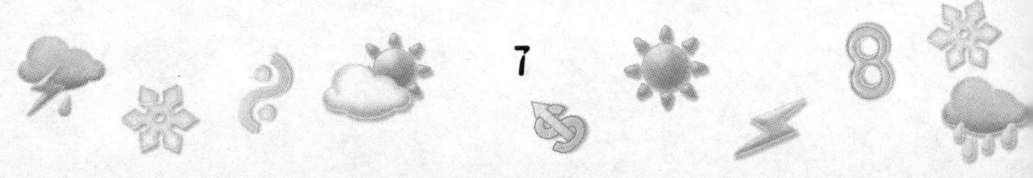

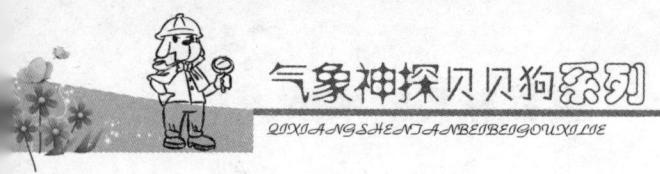

我们应该跑到他们前面去扔,就能扔到了。"

西西说:"还是我来扔吧,我的**力气大**。"

球球点头说:"好吧。还是东东聪明。"

这时贝贝神探也闻讯赶来。他让西西带着绳子赶快上车。车子快速地在河岸上向下游的方向驶去,很快就赶到落水动物的前方大约30米远的地方。

贝贝神探和西西一起下车,等落水动物与他们相距10米左右时,西西就把系有石头的绳子扔了过去,绳子刚好落在小灵猫抓着的木头的前面一点。

小灵猫伸手抓住了绳子,并把绳子拴在了木头上。贝贝神探把绳子的另一头拴在汽车上,然后和西西、宝宝一起用力拖绳子,终于把**落水的动物**连同木头一起拖上了岸。

突然断裂的木桥

奇怪的木头断面

被救上岸的动物全上了汽车,车内挤得满满的,西西想把**破木头**扔到一边,被贝贝神探给制止住了,他让西西把破木头放上汽车带回去。

西西不解地问:"这个破木头带回去有什么用处吗?"

贝贝神探说:"需要查一查木头桥**断裂的原因**。"

小灵猫说:"这有什么好查的,肯定是被洪水冲断的。"

贝贝神探说:"要等调查清楚以后再下**结论**。"

西西说:"可是车太小了,我们坐上去都嫌太挤,把木头放进去,就更挤了。"

贝贝神探说:"我是让你把这些木头放

气象神探贝贝狗系列

在车顶上,捆好。"

西西笑道:"还是贝贝神探**聪明**。"

说完,就动手把破木头放上车顶,用刚才救动物的绳子把木头捆好。等大家都挤进车内坐好后,车子便缓缓驶向森林村。因为怕车顶上的木头掉下来,所以宝宝不敢开得太快。

一场**有惊无险**的落水事故,算是告了一个段落。可对贝贝神探来说,这只是一个新案件调查工作的开始。

回到侦探所,贝贝神探让球球把木头放在院子内,并让他**仔细查找**木头断裂的原因。

球球心想:"贝贝神探是不是破案太多,疑心病也重?明明是因为下大雨,洪水冲毁了木头桥,造成居民们落水的,有什么好检查的。"这样想着,球球随便查看了一下木头,就去休息了。

这时贝贝神探从网络上调取了森林村河流上游的**气象资料**,查看降雨情况。在河流上游的好几个气象站都降了大到暴雨,过

突然断裂的木桥

程最大降雨量达到100毫米。

在贝贝神探查看资料时，刚才闷热的森林村也开始降雨了。大雨就像从天上倒下来似的，形成的雨幕把视线都遮挡住了。这时若到河边去观察一下，河水的流速一定更急，水位肯定也比刚才的还要高。

贝贝神探想到这儿，便冒雨赶到桥边，想查看一下尚存的部分大桥是否会被更大的洪水冲断。到河边一看，剩下的几个桥墩在洪水的冲击下仍旧**岿然不动**。

看着湍急的河水，贝贝突然想到前年的雨季，那一年不仅降雨的时间很长，而且降雨量也很大。有一天，从河流上游到森林村的好几个观测站，中午前后1个小时的降雨量都在100毫米以上。特大暴雨引发了上游山区的山洪暴发，混浊的洪水在河流中翻滚，还漫上了河岸，当时那么大的洪水都没能动摇木头桥。

贝贝神探想："如果是木头桥**不结实**，经不住洪水的冲击，为什么在洪水

更大,更凶猛时,其他的桥墩却不受影响呢?"

贝贝神探带着**满心的疑惑**回到侦探所。来到办公室,贝贝神探看见球球躺在椅子上休息,便走近球球,看他是否已经睡着了。

球球一看见贝贝神探,就猛地坐了起来:"不好意思,有点累。"

突然断裂的木桥

贝贝神探说:"没关系,累了就再休息一下吧。"

球球笑笑说:"我已经休息好,现在精力基本恢复了,有什么事吗?"

贝贝神探问球球:"刚才你查看拿回来的木头,有什么发现没有?"

球球摇摇头说:"没什么发现。这些木头是洪水冲断的,肯定不会有什么问题。"

贝贝神探**皱了皱眉头**:"你为什么这么说?"

球球说:"很显然的嘛,因为水太大,木头桥经受不住洪水的冲击,断了。这是**一目了然**的事。"

贝贝神探问:"我们拿回来的那些木头是木头桥上哪个部分的材料?"

球球不好意思地说:"这个,我没有去查,反正就是断桥上的部分。"

贝贝神探又皱了皱眉头:"是桥墩的,还是桥面的?"

气象神探贝贝狗系列

球球低下了头,说:"不知道。"

贝贝神探摇摇头说:"你真是个马大哈。"

雨停了,贝贝神探走出门来到院子里那堆木头前。球球有些**无可奈何**地跟过来,帮贝贝神探把木头搬开、摆好。

贝贝神探先是查看不同的木头分别属于木头桥的哪个部位。这个很好区别,比较粗的圆圆的柱子属于桥墩,细的圆柱子是桥的支架,木板很明显是属于桥面的。

球球按照贝贝的**分类**,把拿回来的破木头分成了三堆,木板最多;细柱子第二多;粗的圆柱子最少,只有一根,不,只能算一段吧。

球球分好后,贝贝神探从口袋中掏出高倍放大镜,分别对各种木料进行**仔细检查**。他先检查的是木板,他把每一块木板从上到下仔细地检查一遍,几乎每块木板都很完整,中间没有断裂的痕迹。只是在木板的两

突然断裂的木桥

头,原来钉钉子的地方,有一些小的裂口。

在检查细圆柱子时,贝贝神探发现,柱子的两头都留有大钉子,在大钉子上多多少少地粘着一些木板的碎片。其中有两根细圆柱子还与那段粗的圆柱子连在一起。一根根的细圆柱子基本上是**完好无损**的。

最后查看的是那段粗的圆柱子,这显然是一段桥墩。整段圆柱子没有破损,与细圆柱子相连的一端是一个平的**截面**,是用几根特大的钉子把它们连在一起的。另有几根大钉子突出在外面,应该是地上那几根细圆柱子被外力拔出来后,留下来的。

贝贝神探仔细查看这段粗圆柱的另一端,它的截面显然是在外力的作用下断裂的,很不平滑,有的地方凸出来,露出一些木头茬,有的地方则凹下去。再仔细查看时,发现了一个很**奇怪的现象**:截面上差不多有1/2的地方很光滑,不像是洪水冲击断的,洪水冲击时,木头纤维不会断得那么整

齐,看起来好像是谁故意锯的。

谁锯断了桥墩

这个发现让贝贝神探心里一惊,难道这次断桥事故是人为的?如果真是这样,这个罪犯真是居心叵测、心狠手辣。若不是抢救及时,这些落水的居民也许都会被洪水夺去生命,给森林村造成有史以来最大的悲剧。

贝贝神探让球球拿相机把桥墩的断截面拍摄下来,球球开始还以为是小题大做,等他拿出相机对着断截面时,才吓了一跳:这明明是有谁故意锯的,真狠毒。

拍摄完之后,球球对贝贝神探说:"我真糊涂,还以为木头桥是被洪水冲断的。原来是有谁搞破坏。"

贝贝神探说:"我刚才到木头桥那儿查看了一下,刚才的天气是疾风暴雨,水位

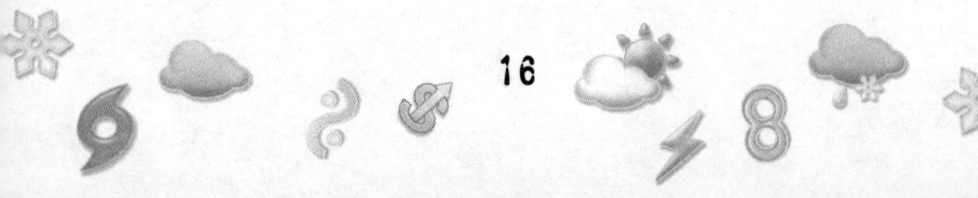

突然断裂的木桥

更高，水流更急，而其他的桥墩却是纹丝不动，这中间肯定有问题。"

球球说："对呀，为什么只有中间的这个桥墩断了，建桥时，绝对不会把有**质量问题**的木头放在中间做桥墩的。"

过了一会儿，球球又说："会不会是当时建桥时，施工者不小心给锯坏了，但没有**引起重视**。"

贝贝指着桥墩的断裂处说："应该不会，这桥已经建了3年了，前年的汛期，雨下的比今年的大多了，洪水更猛烈，木头桥都经受住了考验。"

球球点点头："嗯，我记得，那年的雨可大了，河里的水都漫到河岸上来了。今年才下了一场雨，木头桥就出问题了，**很可疑**。"

贝贝神探在断茬处比划着："并且这个断茬很新，如果一段木头在水中浸泡了两三年，木头上会沾上水垢，甚至长出青苔，摸上去会有些滑溜溜的。"

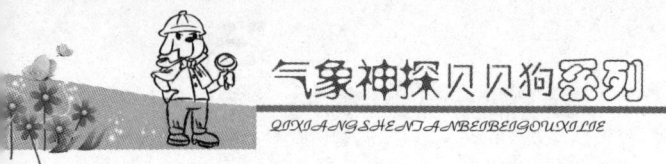

气象神探贝贝狗系列

球球再看看那段桥墩的断茬:"真的,**太新了**。"

贝贝神探对球球说:"走,我们再去检查一下那剩下的桥墩。"

一路上,只见森林村的大河、小水沟到处都积满了水,就连街道上也有约5厘米深的积水。

虽然降雨停止了,但河里的水位仍然很高,几乎快与木头桥的桥面持平了,贝贝神探和球球想去检查桥墩的计划,目前还**无法实施**,只能等待。

接下来的两天,天气晴好,太阳高照,气温也在不断地往上升。蒸发量的加大,促使河里的水位迅速下降。

第三天,那根断的桥墩已经露出水面约10厘米,可以实施检查桥墩的计划了。在河边巡视的球球赶快把这个信息告诉了贝贝神探。

贝贝神探立即赶来,并和球球开着汽艇来到断桥墩前。刚一靠近,球球就立即掏出

突然断裂的木桥

相机拍照，贝贝神探则拿出放大镜仔细查看桥墩的断面。

现在可以清楚地断定，桥墩在洪水到来之前，**被人做了手脚**，用锯子预先锯了一个裂口，但并没有完全锯断，动物和汽车依旧可以在桥上行驶。因为从上往下用力，不会加大断裂面，所以不会有什么影响。而当洪水冲下来时，横向的力会使桥墩因承受不了冲击而断裂。

是谁这么**凶残**，竟然会想出这么一个恶毒的办法来谋害森林村的居民？球球是越想越气。

球球大声地叫道："我一定要把这个破坏大桥的罪犯抓到，让他为这座美丽的大桥和落水的动物付出代价。"

贝贝神探说："这样吧，我们先回侦探所，找居民们打听一下，看谁有可能犯下这宗大案。"

汽艇返回河岸边后，贝贝神探和球球

气象神探贝贝狗系列
QIXIANGSHENTANBEIBEIGOUXILIE

突然断裂的木桥

便分头去走访居住在河流两岸的动物,有喜欢游泳的小狗花花和妞妞,有喜欢在河岸悬崖上建造房屋的五彩翠鸟,有喜欢在河滩上觅食的丹顶鹤,还有把房子建在河中的河狸等。但除丹顶鹤提供了一点有用的线索外,其他的动物都是**一问三不知**,都说没有看见谁在大桥下待过。

丹顶鹤说:"那天傍晚,我正在离大桥比较近的河滩上找跳跳鱼吃,当我抬头看大桥时,发现桥下好像有一个**黑影**,因为距离还是有些远,看不清是谁。但可以看出来,那个黑影的个子比较大。"

不过,球球有一个重大的**收获**,他给贝贝神探打电话说,要赶快和他见面,并且约好在桥边见面。贝贝神探赶紧赶到木头桥边,可是却没有看到球球的影子。

贝贝神探感觉很奇怪,难道球球遭遇不测了吗?贝贝神探心中不禁紧张起来。难道球球发现犯罪嫌疑人后,遭到犯罪嫌疑人的

气象神探贝贝狗系列

杀害或者绑架？

想到这里，贝贝神探**冷汗直冒**，他赶紧掏出手机拨打球球的电话。如果刚好是犯罪嫌疑人接电话，就跟他谈条件，以保住球球的性命。在电话接通之前的这一段时间内，贝贝神探拿着手机的手一直在颤抖，心也在"咚、咚"地乱跳。

其实才几秒钟的等待，就好像过了很久似的。当电话接通后，听到对方一开口说话，贝贝神探觉得自己都快要瘫倒在地上了。接电话的不是别人，正是球球。球球还活着，太好了。

贝贝神探**急急地**问道："球球，你还好吗？生命没有受到威胁吧？"

球球被贝贝神探的话弄得**满头雾水**："贝贝神探，你还好吧？没有生病吧？我没有受到什么威胁，难道有谁挟持你了？"

贝贝神探说："没有呀，你怎么这样问？"

突然断裂的木桥

球球说:"我在桥边等你很久了,一直没有看到你。真的很**担心**你遭受犯罪嫌疑人的杀害或绑架。"

"我也在桥边等了很久,没有等到你,也很担心你的安全。你到底在哪儿?"

"我在木头桥的南边。"

"嘿,我在桥的北边。你怎么跑到南边去了,桥不是已经断了吗?"

"我是坐船过来的。"

"那你再坐船回到北边吧。我在这儿等你。"

"好的。刚好有一艘快艇在这儿。"说完,球球便跳上快艇回到了北岸。

贝贝神探和球球一见面,竟好像经过了**九死一生**的离别似的,忍不住拥抱在一起,贝贝神探还流下了激动的泪水。

贝贝神探问球球:"你说有重要的信息,是什么信息?"

发现作案者

球球说:"我走访了在河边居住的动物,他们提供不出什么信息。但据他们了解的情况,在建桥时,为了掌握大桥的**安全性能**,在桥的两头各安装了一个监控摄像头。"

贝贝神探问:"那为什么没有人从这个摄像头上发现问题呢?"

"还不是因为大桥建了3年多来很坚固,没有出现过问题,所以也没有谁关心**监控录像**了。"

"我们想办法把监控摄像头上的资料拷贝回来看看。在陆地上有监控视屏吗?"

"原来有过,后来因为没问题,也就撤了。我们只能拷贝摄像头上的资料,摄像头上装有数据盘。"

突然断裂的木桥

说完球球就去**找人帮忙**。他找了西西、小灵猫,还有东东。他们扛着绳索和大篮子来到断桥上,球球则带着那个巴掌大的电脑。他们先在木头桥的北边安好绳索,拴好大篮子,球球坐进大篮子里,西西慢慢地把篮子垂下去,等球球说"好"时才停下来。

球球把电脑与摄像头连接起来,只花了几分钟时间就把桥北这台监控摄像头上的资料全都拷贝到电脑中了。球球拷贝完后,对桥上招了招手,西西用力把篮子拖上来。

然后,他们又到桥南边拷贝了摄像头里的资料。

球球回到贝贝神探身边,把电脑交到他的手上。因为怕犯罪嫌疑人得知桥下有监控摄像头后,会来抢夺、**毁灭证据**,贝贝神探已经打电话让宝宝带枪开车到桥边接应。

上车后,宝宝说:"在汽车快要开到河边时,发现河边的芦苇中露出了一个红色的脑袋,但一闪就没有了。"

气象神探贝贝狗系列
QIXIANGSHENTANBEIBEIGOUXILIE

突然断裂的木桥

在回侦探所的路上,贝贝神探和球球手握冲锋枪各守一边,眼睛紧盯着车窗外。**一路无事**,总算平安回到了侦探所。

一进办公室,贝贝神探就**迫不及待**地拿出电脑,开始查看从大桥上拷贝来的录像资料。

从录像资料上可以看到,在木头桥断裂两天前的一个夜晚,有一个**黑影**划船来到大桥下,停在中间那个桥墩的位置,时间长达2个小时。但具体在干什么却看不清楚。

当这艘船离开桥墩沿原路返回时,月亮从云中露出来,照出了那个黑影的真面目。那是一只个子高大的红毛猩猩。

看到这里,球球大叫起来:"原来红毛猩猩是破坏木头桥的罪犯,我们应该赶快把他抓起来。"

贝贝神探说:"不要着急。是红毛猩猩没错,但是哪只红毛猩猩?他住在哪儿?这些都没搞清楚,怎么抓?"

气象神探贝贝狗系列

QIXIANGSHENTANBEIBEIGOUXILIE

球球抢着说:"我找猩猩小区的居民来**辨认**。"

贝贝神探点头同意:"行,你去找几个不同年龄段的猩猩来辨认一下,看能否找到这只红毛猩猩的行踪。"

球球坐上汽车朝猩猩小区驶去,不一会儿就回来了,他带了8只猩猩,分别从老、中、青、少四个不同的年龄段中各找了两名代表。

但看过录像之后,大家都摇头说**不认识**这只红毛猩猩,从来没有见过他。

送走这些猩猩后,贝贝神探把这段录像上红毛猩猩最清楚的视频截屏到电脑上,然后传到动物侦探网上,并把这只红毛猩猩在森林村所犯罪行一起公布在网上。

还是网络时代有办法,很快就有信息传过来,这只红毛猩猩名叫二毛,他有个哥哥叫大毛。从春季开始,二毛就离家出走,一直没有消息。

突然断裂的木桥

贝贝神探看完这条信息后**恍然大悟**。他想起初春时,一个名叫大毛的红毛猩猩,因遭雷击死在村外那棵孤零零的大树下。难道二毛离家出走,就是为大毛来报仇的?贝贝神探想到宝宝在车上说的话,他曾在河边的芦苇丛中看到过一个红色的脑袋,一闪就不见了。

贝贝神探觉得森林村现在正处于危险之中,危险就来自那只叫二毛的红毛猩猩,必须尽快**逮捕他**。

红毛猩猩为**报仇**而犯罪

贝贝神探立即通知各小区的负责动物,让他们马上到侦探所来开会,并把球球、咪咪法医和宝宝也叫到办公室。

贝贝神探**一脸严肃**地说:"根据侦探网的信息,以及我们发现的线索,初春被雷击

气象神探贝贝狗系列

死的红毛猩猩大毛的弟弟二毛来为他报仇了。他现在就潜伏在我们村的周围,如果不能及时抓住他,森林村的居民会有很大的危险。"

西西着急了:"那我们就赶快去抓他呀,还等什么?他现在在哪里?"

贝贝神探说:"他很有可能就躲在河边那片**芦苇丛**中。宝宝刚才开车去河边时,在芦苇丛中看见一个红脑袋,一闪就没了。"

球球问:"芦苇的面积那么大,我们怎么抓得住他?"

贝贝神探说:"所以我把各小区负责的动物叫来开会,就是要你们动员小区的青壮年带上木棍,帮助我们包围那片芦苇丛,尽快把红毛猩猩逮捕。你们都表个态,看这个办法是否能行。"

小区的头头们**争先恐后**地说道:"没问题,这是我们应该做的,贝贝神探,你就分配任务吧。"

贝贝神探把每个小区要负责哪个方向、哪

突然断裂的木桥

一片芦苇丛都安排好之后说:"大家一定要**注意安全**,包围圈不要留空隙,如果有动静,你们都不要乱动,由我们侦探所负责处理。"

球球问:"什么时候行动?"

贝贝神探说:"现在大家回去准备,半个小时后,赶到河边芦苇丛实施包围。"

等大家离开后,贝贝神探、球球、咪咪法医、宝宝也纷纷准备好武器,赶往河边那个小山坡。

贝贝神探他们赶到时,森林村的青壮年居民也陆续赶来。看大家差不多都到齐了,贝贝神探**一声令下**,大家手拿木棍迅速包围了这片芦苇丛。

贝贝神探手拿话筒叫道:"二毛,快出来吧,我们已经发现你了。"

芦苇丛中没有应答。

贝贝神探又叫:"二毛,你哥哥大毛是被雷电击中烧死的,与森林村的居民无关。"

这时才听到芦苇丛中有声音传出来:

"你胡说，冬天哪会有雷电？"

贝贝神探说："我没有骗你。你哥哥确实是被**雷电击中烧死**的。"

芦苇丛中又回答道："我哥哥怎么会死在森林村，肯定是你们干的。"

球球大叫道："是你哥哥**心怀不轨**，想吃小猴子，被老天惩罚了。"

芦苇丛中传出气愤的声音："你诬蔑我哥哥，我跟你们没完。"

贝贝拍拍球球的头，示意他别说话，然后说："二毛，事实确实是这样的。不过，他现在已经死了，我们也不追究他什么。你出来，我们好好谈谈。"

芦苇丛中没有应答。双方都**沉默不语**。

过了一会，贝贝神探说："二毛，虽然你实施了锯桥墩的犯罪行为，但由于没有造成严重后果，所以只要你好好认罪，以后不再犯，我们还是可以**从轻发落**的。"

突然断裂的木桥

贝贝的话声刚落,就听到一阵芦苇的哗啦啦声,一只个子高大的红毛猩猩朝贝贝神探走来。站在贝贝神探身旁的球球、咪咪法医和宝宝赶紧用枪对着他,以防他攻击贝贝神探。

贝贝神探看到二毛两只手举在头顶上,低着头走出来,就想迎上去。

球球伸手拦住了他:"他这么大的块头,如果侵犯你怎么办?"

二毛说:"我刚才听了贝贝神探的解释,知道**我错了**。现在,你们把我铐上带走吧。"说着便伸出自己的双手。球球拿出手铐,上前铐住了二毛,这才让贝贝神探走近二毛。

球球拿着话筒,对还守候在芦苇丛周围的居民们喊到:"大家可以回家休息了,红毛猩猩已经被我们抓住了。"

听到叫声的居民纷纷围了过来,拿起木棍想打二毛,被贝贝神探制止了。

气象神探贝贝狗系列
QIXIANGSHENTANBEIBEIGOUXILIE

突然断裂的木桥

贝贝神探说:"二毛是因为哥哥死后心情不好,才实施了**犯罪行为**的。由于没有造成严重后果,所以我请大家原谅他,行吗?"

小灵猫在一旁叫着:"他把森林村美丽的木头桥给锯坏了,我们不能原谅他。"

贝贝神探说:"我们让二毛将功补过,把木头桥修好,还大家一个观赏美景的好去处,行吗?"

二毛也低声说道:"我知道自己错了,我一定会把大桥修好的。"

西西也在一旁生气地说:"二毛犯了这么大的罪,差点害死我们好多的居民,不能**轻饶**他。"

贝贝神探说:"对二毛犯下的罪,我们一定会做出公正的判决。鉴于他能好好认罪,并对自己犯下的罪进行补偿,可以考虑从轻处罚。大家有意见吗?"

在场的动物你看看我,我看看你,对贝贝神探的话都没有什么意见。

二毛这时扑通一声跪在地上:"谢谢大家,我一定会补偿我给森林村造成的损失,我向因为大桥断裂落水的动物们道歉。今后,我一定要做一个守法的好公民。"

天外来箭

梅花鹿北北耳尖被削

秋季是森林村居民最喜欢的季节。因为秋季不仅仅是个丰收的季节，也是一个出门游玩的好季节。天高云淡，微风轻拂，玩累了可以采摘水果吃，对那些喜欢吃嫩树枝和树叶的动物来说，有些树木秋季还会抽梢，他们肚子饿了可以吃到嫩枝和树叶。

所以，当季节离开酷暑进入秋季后，居民们都喜欢举家外出游玩。有的居民一玩就是好几天，连晚上都不想回家。夜晚躺在柔软的草地上，不会比躺在家里的床铺上差，而且还可以欣赏满天的星星，真可谓心旷神怡，要多爽，有多爽。

梅花鹿北北就是森林村最爱玩的居民之

天外来箭

一,并且还特爱美,虽然自己身上一天到晚穿的都是花衣裳,但她还是特别喜欢**花花草草**的。森林村的花圃就是由她管理和种植的。

秋季正是菊花盛开的季节,在森林村北面的群山中,有两座相距不远的小山坡。山坡上树木不多,但草长得很茂盛,特别是南边的那座小山坡上生长着一大片黄色、白色、紫色和红色的**野菊花**。

每年的秋季,北北都会和家人及朋友一起到这个菊花盛开的小山坡上游玩好几天。躺在菊花丛中观赏明月和星星,真是最酷的享受。

今年离中秋节还有10天,北北就已经做好了计划,并且约好了朋友,开始着手准备秋游的食物与饮料,以及晚上露宿时防着凉盖的小毛毯。**万事俱备**,就等中秋的天气预报了。

嘿,老天还真照顾森林村居民的情

气象神探贝贝狗系列

绪。气象站预报，中秋节前三天到节后的三天都是晴朗的**好天气**，微风，适宜大家出游。

还有两天就是中秋节了，这天北北和家人及朋友带着秋游的必需品一大早就上路了。一路上说说笑笑也不觉辛苦，走了五个多小时，终于来到了那片开满野菊花的**小山坡**。

北北他们先坐下来休息了一会儿，吃了些食物，然后便分散开玩耍、照相。时间过得真快，天很快就黑下来了。

虽然北北他们赏花的**兴致未尽**，但只能先赏月和看星星了。大家躺在草地上，微风轻轻吹拂着他们的身体，一阵阵菊花的清香随着微风悄悄钻进他们的鼻孔，令他们全身舒服得难以形容。

这一夜，他们就在花香环绕和微风的抚摸下进入了梦乡。

一觉醒来，已经是艳阳高照，差不多是上午10点多钟了。

天外来箭

匆匆忙忙起来后,他们又忙于赏花、拍照。这时,北北发现了一种特殊的野菊花,它的花朵很大,花瓣颜色是金黄色带红点的,特别艳丽。

北北赶紧走上去,围着那朵花左看看,右看看,躺在地上从下往上拍照,又站起来从上往下拍照,忙得**不亦乐乎**。

北北在这株花的四周找来找去,再也没有找见第二棵相同颜色的菊花。她蹲下来仔细研究这株菊花的茎、叶子及其生长的土壤,与旁边的其他菊花并没有什么不一样的地方。北北只能把研究工作停下来,坐在地上,对着这株菊花**冥思苦想**:是把它移栽到森林村的花园里好呢?还是让它继续生长在这儿好呢?

如果移栽到森林村的花园里去,它是否会变种,变得没有这么漂亮呢?如果留在这个小山坡上,会不会被别人采走或者挖走,导致绝种呢?

气象神探贝贝狗系列

天外来箭

北北坐在地上发呆,挖走也不是,不挖走也不是。正在这时,突然不知从哪儿飞来一个什么东西,**不偏不倚**正好打中北北的左耳,把北北一直引以为自豪的大耳朵削掉了约5厘米的耳尖。

北北痛得大叫起来:"哎呀,痛死我啦,**救命呀**!"

听到北北的叫声,亲朋好友全都围了过来,吓得北北赶紧用手护住那株珍稀的野菊花:"你们小心一点,别踩到我的花。"

这时,北北受伤耳朵的鲜血一滴一滴地滴落在花瓣上,菊花显得更艳丽了。

北北的一位朋友**生气地**说:"你受了这么严重的伤,还护着花。是花重要,还是你的生命重要?"

北北着急地说:"我的生命重要,这棵菊花更重要。如果它被踩死了,就再也没有了。我只是耳朵破了,可我还在呀。"

这位朋友摇摇头说:"你真是个花痴。"

气象神探贝贝狗系列

北北把朋友和家人赶下山坡,自己也跟着来到山下,这才**放声大哭**起来:"你们快把贝贝神探叫来,让他找出伤害我的凶手。"

寻找凶器

大家这才反应过来,连忙打电话给贝贝神探。贝贝神探带上球球和咪咪法医,坐车赶到这个**小山坡**。

看见贝贝神探他们来了,原来围在北北身边的梅花鹿赶紧散开。只见北北坐在地上,脸上、身上都是血,她正用手捂住自己的耳朵大哭。

咪咪法医赶紧上前给她**处理伤口**,先给受伤的耳朵进行清洗与消毒,然后撒了一些止血粉,很快血就止住了。咪咪法医把伤口包扎好后又给北北注射了预防破伤风的针

天外来箭

和高效消炎针。

北北掏出随身携带的镜子照了一下,哭泣声又加大了:"我今后怎么出门呀,一个耳朵大,一个耳朵小,这么难看,怎么办?"

咪咪法医笑着**安慰她**:"没事,等你伤口好了以后,我会给你整容,把缺损的耳朵修补得跟原来一样漂亮。"

北北抬头看着咪咪法医:"我不信,整容后伤口疤痕肯定去不掉的。"

咪咪法医说:"现在有一种高效的疤痕露,只要擦两次就能消掉疤痕。"

北北这才露出笑容:"太好了,我不会变成丑女了。"

但北北马上又哭了:"哎哟,好疼。贝贝神探,你一定要把害我的**凶手**给抓住。"

贝贝神探笑着说:"好了,你是美丽第一,抓凶手第二。所以我要等你和咪咪法医讨论完美丽之后,才能和你谈受伤的问题。"

 气象神探贝贝狗系列

北北**不好意思**地说:"贝贝神探,对不起,爱美是女生的天性。我现在要向你诉苦了。"

贝贝神探点点头:"你说说到底是怎么一回事?是谁伤害了你?"

北北皱着眉头说:"谁知道呀,我在这儿赏花,**没招谁惹谁**,怎么会有谁想害我?如果那个东西飞得再低一点,说不定你只能到火葬场去看我了。"说完眼泪又流了出来。

贝贝神探掏出纸巾让北北擦眼泪:"别哭,你不是还没上火葬场嘛。"北北一听笑了起来。

贝贝神探问:"你看清楚是从哪儿飞来的东西了吗?"北北**摇摇头**。

咪咪法医说:"从伤口情况来看,应该是从北北身后飞过来的东西。"

贝贝神探跟北北说:"你能不能把受伤时的情景再描述一遍,并且带我们找到案发

天外来箭

现场?"

北北站起来说:"没问题。"

北北把贝贝神探他们带到半山坡那株特别美丽的菊花前面,一屁股坐在地上:"我刚才就是坐在这儿看这株菊花的。"

贝贝神探看了一眼这株菊花,赞美道:"哎,这棵菊花可**真漂亮**,我还从没有见

过这么美的野菊花,难怪你会坐在地上欣赏它。"

北北点点头说:"当时我正在思考,是把它移栽到森林村的花园好,还是继续留在这儿好,真是左右都为难。"

贝贝神探问:"干吗要移走它,让它生长在大自然的怀抱中不是更好吗?"

北北说:"如果人人都知道珍惜它,爱护它,我也不会想到移走。可如果有谁破坏它,那不是让它绝种了吗?"

贝贝神探点点头:"还是你这个种花使者想得更周到。"

北北先是不好意思地笑了笑,然后继续描述当时的情况:"就在我想这些问题的时候,不知从哪儿飞过来的东西,把我的耳朵打掉了一块。"

贝贝神探问北北:"你当时面朝着哪个方向坐在地上?"

"面朝着菊花。"说完,北北把身体移

天外来箭

动了一下，她的背正对着对面的小山坡。很显然，那个不明飞行物就来自对面的山坡。可是，**不明飞行物**是什么东西呢？

贝贝神探让北北回到山坡下，和亲朋好友们待在一起，该干吗就干吗。因为从她那里不可能获得更多有关不明飞行物的信息了。

贝贝神探则和球球留在山坡上进行彻底地搜索。贝贝神探根据北北的坐姿及耳朵所在位置的高度，让球球站在那儿用手比划着相同的高度，再根据不明飞行物击中北北耳朵后的运动轨迹，寻找飞行物的**残留体**。

贝贝神探首先要考虑清楚不明飞行物的飞行速度和撞击力，如果飞行速度小，撞击力就不会很大，那北北的耳朵最多只是受点擦伤，不可能造成耳尖被削掉。如此看来，不明飞行物的速度应该**非常快**，所以撞击力也很大。

贝贝神探用手从正对面山坡的位置滑向球球比划高度的手，再往前冲一点，然后落

气象神探贝贝狗系列

在地上,并在地上作了一个记号。并根据记号进行搜查,但除了北北坐的位置有**血迹**外,什么也没有发现。

贝贝神探又调整了一下角度,从对面山坡正对着北北坐的那个位置往左移了15度角的方位,再做抛物线的运动,同样在落地点作了一个记号。寻找之后,仍然没发现线索。

贝贝神探又从原来位置往右移了15度,同样让想象中的不明飞行物在击中北北后做抛物线运动,在落地点作了一个记号。这次可是大有收获,在离北北坐的位置不远处,他们找到了北北的破损耳朵尖。这个耳朵尖的下半部分已经**面目全非**,烂就像一块肉糜,血糊糊的,看了都呕心,想再接到北北的耳朵上那是完全不可能的。

贝贝神探让球球给这块**烂耳朵**拍了照,并装进证物袋中。又让球球把北北坐的位置照下来后,再从那个位置往右转15度角,把对面山坡的情景也拍摄下来。

天外来箭

然后,他们以刚才作了记号的位置为中心,在方圆50米的范围内仔细搜索,但没有发现什么异常的东西。

探测到可疑物

贝贝神探觉得很奇怪,照理分析,不明飞行物击中北北的耳朵后,其速度应该大大减小才对。并且飞行物在**空中飞行**,还要受到空气阻力的影响,速度会越来越慢,高度也会越来越低,因此会呈现抛物线的运动轨迹,最后落地。这个记号的位置与不明飞行物落地的位置应该差距不会太大,何况已经放宽了50米的范围,可为什么找不到这个飞行物的残留体呢?是计算有错,还是搜查的不彻底?

想来想去,贝贝神探觉得有必要重新搜查一下,因为山坡上长满了菊花与野草,

气象神探贝贝狗系列
QIXIANGSHENTANBEIBEIGOUXILIE

想查清楚一个异物，并不是一件容易的事。

正当贝贝神探思索如何才能彻底搜查这个地区，把不明飞行物找出来时，球球的一句话提醒了他。

球球说："如果我们有一种仪器，可以把地下异常的东西找出来就好了。"

这让贝贝神探想到侦探所半个月前购买过一台**地下探测仪**，它可以探测到不同质地的物质，如金属、塑胶等，买回来后还没有使用过。贝贝神探立刻打电话，让宝宝去所里把这台仪器运过来。

宝宝问清楚仪器的保存地方后，立即开车回侦探所，很快就把仪器运了过来。这个仪器体积并不大，就是一根探测棒连着一台监视器。宝宝把仪器拿到山坡上交给贝贝神探。

贝贝神探先用红线把这个区域划分成8小块，然后让球球拿着探测棒一小块一小块地搜索，自己则坐在监视器前查看**搜查结果**。

当球球走到第二小块时，监视器的指

天外来箭

针不停地摇摆。贝贝先让球球马上停住不要动,然后自己拿着小铁铲前去寻找。探测棒停在一丛野草的地方。贝贝神探用铲子挖下去一看,是一块废旧塑料布,这肯定不会是**不明飞行物**。两个小山坡间的距离至少有100米,能把这块破塑料布扔出去10米就不错了,根本不可能从对面的山坡扔到这边来

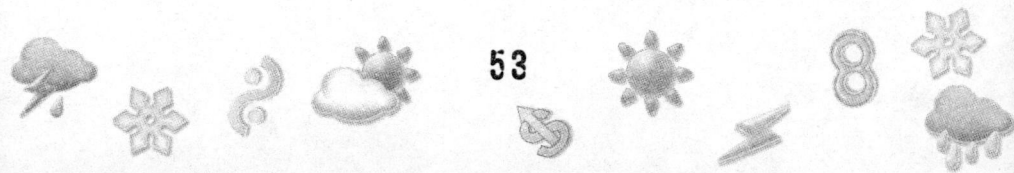

的,更不会砸烂北北的耳朵。

贝贝神探回到监视器前,球球又继续用探测棒搜索。当搜索到第6小块时,监视器上的指针又用力摇摆起来。贝贝神探拿着铁铲来到球球跟前,还不等动手开挖,就发现有一个小洞。

贝贝神探调查了一下这个洞,一根带铁皮的箭露出了地面。他把这根箭拔了出来,发现这根箭只有10厘米左右长,是竹子做的。由于箭头和箭杆都包了铁皮,拿在手上显得有些分量,箭头上还沾有血迹。**毫无疑问**,这应该就是那个不明飞行物。

球球把挖出箭的区域和箭头分别拍摄下来,然后将箭放入证物袋,这个山坡的证据基本上算搜集完了。

贝贝神探和球球走下山坡,北北和亲朋好友们还在山下等着。

贝贝神探上前对北北他们说:"如果你们还有兴趣在野外赏花、游玩,你们可以

天外来箭

继续下去，估计不会再发生类似的情况了。如果害怕出事，那就回家休息。"

北北问贝贝神探："贝贝神探，找到不明飞行物了吗？"

贝贝神探点点头："已经找到了。"

北北焦急地问道："我能看一下吗？"

贝贝神探解释说："现在已经放入证物袋了，等咪咪法医检查过后，会让你看看这个割破你耳朵的飞行物。"

北北点点头，然后和大家商量是继续留下来游玩，还是回家。因为已经没有危险，并且还没有玩尽兴，所以大家**一致同意**留下来，再玩两天。

贝贝神探和球球告别梅花鹿后，便向对面，也就是北面的那个小山坡走去。

北边这个小山坡，朝北的一边是连绵不断的群山，南边则是地毯般的绿草。不过进入秋季以后，这片草地明显不如春、夏季那么**郁郁葱葱**，有些草已经长出草籽，有些

快枯黄了。少量的灌木丛依然长得绿绿的，还在抽新芽，不过还是可以看出南北两边因为入秋以后，北风的势力不断加强，植物的生长有些差别，南边的植物明显比北边的植物长得更精神一些。

贝贝神探他们爬上与北北受伤地正相对应的山坡后，从下往上在50厘米的宽度内进行仔细搜寻。在这个狭长的范围内有不少杂乱的**足迹**，这些足迹是重叠的，好像有不少动物曾经在这里走过。

球球想提取几个完整的足迹，但足迹太乱，很难提取到。一直到山顶，情况都差不多。

贝贝神探往右移动了一段距离，这次是从山顶往山下搜索，还是搜索50厘米宽的狭长地带。这个地带的小草好像比刚才那个地带要好一些，基本没有受到动物的践踏。虽然已是秋季，想保持绿绿葱葱的长势是不可能的，但那些略显枯黄的小草依然能站立在山坡上，展现它们**宁死不屈**的精神。

天外来箭

没有发现其他有价值的线索，贝贝神探和球球走下山坡时，已经累得不想动了。虽然这座小山并不高，充其量海拔也只有100多米，但要**爬上爬下**，还要低着头寻找线索，并不是一件容易的事，不仅腿酸，脖子也会发硬。

他们在山脚下找了一块大一点的石头坐下来休息，这时天渐渐黑了下来。

球球对贝贝神探说："我们今天干脆加入到梅花鹿的野营队伍里，就在这里休息一个晚上，明天再干吧。"

贝贝神探想了一下说："行呀。但我们的食物和他们不一样，肚子饿了怎么办？"

球球笑着说："这点你可以放心，我们的车上有鸡肉干、饼干和牛奶等食物。"

贝贝神探笑了笑，问："我们车上怎么会有这些食物？"

球球说："这是心细的宝宝准备的。他看我们工作很辛苦，常常要**废寝忘食**，怕

气象神探贝贝狗系列

时间长了我们的身体吃不消。"

贝贝神探笑着说:"我们现在就回到车上去,我要好好谢谢宝宝。他不仅仅是我们的司机,还是我们的后勤保障员。"

回到车上,贝贝神探和球球就看到宝宝为他们准备的晚餐,一盘鸡肉干、一盘肉松、一盘鸡肉饼干和两盒牛奶。

贝贝神探上前**感谢**过宝宝后,问道:"宝宝,你吃过晚餐了吗?"

宝宝说:"我和你们吃的一样,不过我不喜欢牛奶的味道,我喝的是矿泉水。我也给你们准备了矿泉水。"

贝贝神探感激地说:"宝宝,真辛苦你了。没有你,我们肚子饿了还不知道怎么办呢?"

宝宝笑着说:"这是我应该做的,你们破案这么辛苦,我做的这些事与你们的辛苦比较起来,真是**不足挂齿**。"

贝贝神探和球球吃过晚餐后,便加入到

天外来箭

梅花鹿中,和他们一起躺在草地上看星星、月亮,宝宝则在汽车里休息。

谁想害北北

贝贝神探特意和北北躺在一起,想和她**聊聊天**,主要是想通过聊天了解她是否与谁结仇。

其实贝贝神探一躺过来,北北就明白了他的用意,不等贝贝神探开口,北北就说:"贝贝神探,你是不是想问我与谁有矛盾?"贝贝神探笑着点点头。

北北说:"这点你大可放心,我从来不与谁争吵,更没有**仇家**。"

躺在另一边的北北的姐姐插话说:"怎么没有?那天东东到花园里采了一朵玫瑰花,你不是和他吵了一架?"

北北想了一下:"是,为花园的事,我

气象神探贝贝狗系列

和不少居民都吵过架。我最讨厌有谁乱采花园里的花。花园里的花是供森林村所有居民欣赏的,如果被采走了,就只有一个或者几个居民欣赏。"

北北的姐姐说:"那你应该好好和他们说,不要动不动就和他们吵架。"

北北说:"有时好好讲没有用,我一急就吵架了。不过,我想不会有谁因为我不让采花而害我吧?"

"那天,你和东东吵得可凶了,会不会是他报复你?"

"东东最不像话,年年情人节都来跟我要花,有时被他纠缠得没办法,只好给他。今年他要的是香水玫瑰,花就开了两朵,所以没给他。"

"那天他说你是孤家寡人,没有朋友,总有一天会遭报应的。"

北北想了一下:"对,那天他说话是很难听,但我没有在意。并且东东也不是一个

天外来箭

坏人，那些话应该是气头上说的。"

"如果他不是一时的气话，是真的生气，可能就会报复你的。"

北北摇摇头："不会，东东不是这样的人。"

"不管是与不是，让贝贝神探调查一下就清楚了。"

贝贝神探说："你们姐妹不要争吵，你们只需**提供线索**，后面的问题由我们来调查。还有其他的比较可疑的对象吗？"

北北说："没有，我可从没有与谁结过仇。"

北北的姐姐也在一旁提醒北北："再好好想想，你除了因为种花、爱花得罪了一些居民外，你爱臭美，是不是也得罪了谁？"

北北想也没想："**爱美之心人皆有之**，怎么会得罪谁呢？"

"你不记得了，上次小狗花花头上戴了一个花发夹，你叫她赶快取下来，说太俗气

气象神探贝贝狗系列

了,不是气得花花差点要跟你打架吗?"

贝贝神探问:"这是怎么回事?"

北北笑着说:"**小事一桩**。那天我在街上碰到花花,见她头上戴了一个红花发夹,特显眼,又难看,就让她摘下来,太俗气。"

贝贝神探说:"这是好心提醒呀。"

北北的姐姐说:"本来是这样。可花花很生气,说'萝卜青菜各有所爱,关你什么事'。但北北还追着让她取下来。"

球球躺在地上笑得直打滚:"北北你真是多事,花花爱戴什么发夹有你什么事,你真是爱管闲事。"

北北有点委屈地说:"我真是一片好心,想让她保持纯净的美,可她偏偏**不识好人心**。"

贝贝神探说:"后来你们吵架了?"

北北的姐姐又着急了:"谁说不是,花花见北北追着要自己取下发夹,便给了北北一

天外来箭

个耳光。"

北北更委屈了："她打了我,我又没有还手,就走开了。"

"你没有听到花花说,这个北北**真讨厌**,森林村没有她更清静。"

"花花说什么都没关系,总之,她还是很可爱的。"

北北姐姐摇摇头,叹了口气,然后转过身子睡觉,不再理睬北北,觉得她实在太愚蠢,没治了。

贝贝神探听到这儿,心想北北是一个心地很**善良的姑娘**,应该不会与谁结仇,即使与谁产生一点误会,看到她善良的样子,也不会想去报复她的。但是,又是谁会用弓箭射伤她的耳朵?是想杀害她射偏了,还是想警告她?

但是,为什么要警告她?难道北北手上掌握了什么秘密,或者掌握了谁的隐私?以此恐吓她,让她不要乱开口?

气象神探贝贝狗系列

贝贝神探想到这儿,觉得还是有必要问问北北:"你是不是了解一些不为大家所知的秘密,或者谁的隐私?"

北北坐起来看着贝贝神探:"你怎么会有这种想法,你认为我是一个**包打听**,喜欢探听别人的隐私吗?"

贝贝神探也坐了起来:"不是这个意思。我想,你是不是在**无意之中**知道了

天外来箭

什么秘密，为了让你保持沉默，才遭到暗算的。"

北北肯定地说："这点你大可放心。只要我知道的事，森林村的居民全都知道。而森林村只有部分居民知道的事，我北北不可能知道。"

贝贝神探说："我知道你不是一个喜欢管闲事的姑娘，但也有可能你无意之中得到的秘密会要了你的命。如果把它说出来，就不是什么秘密或者隐私了。想让你**保持沉默**，就失去了作用，危险也就解除了。"

北北急了："你的意思我明白，但我真的没什么好保密的东西，这一点你绝对可以放心。还是从另外的角度去找**线索**吧，我困了。"

北北说完就躺下来，把背对着贝贝神探，自己睡觉了。贝贝神探辛苦了一天，也觉得有些疲倦，很快也睡着了。

小灵猫是凶手吗

一觉醒来,天已经大亮,原以为在野外露营,清晨一定能看到艳丽的日出。谁知**一觉醒来**,日头都快要照到屁股了。

贝贝神探赶紧叫醒球球,昨天在北山的调查还没有结束,今天还有很多的工作要做。

球球睁开眼睛:"哇,太阳都快升到头顶了。贝贝神探,**对不起**,我起得太晚了。"

贝贝神探说:"没什么好对不起的,我也才醒。"

他们赶快走到汽车里吃宝宝准备的早餐。啊,早餐比昨天的晚餐还丰富,除了昨天的那些食物外,还增加了一盘葡萄。

贝贝神探好奇地问宝宝:"你在哪儿买的葡萄,这儿又没有商店?"

天外来箭

宝宝笑了:"这是绝对的**绿色食品**,是我在山上采的野葡萄,可甜了,我吃了很多。"

贝贝神探问:"你怎么会有时间去采葡萄?"

宝宝说:"一大早我就醒了,见你们睡得很香,没敢吵醒你们,就自己**上山散步**,发现了很多成熟的葡萄,尝了一下觉得味道不错,就采了一些回来。"

贝贝神探非常感激:"谢谢你,宝宝!"

贝贝神探和球球吃完**丰盛的早餐**后,来到北山的山脚下。昨天他们已经搜查过正对着北北的受伤地点宽50厘米从下到上的长条区域,也搜查过往右移从上往下50厘米宽的另一条区域,但什么也没有找到。

今天要搜查的是中间往左移的那50厘米的长条区域。他们像昨天那样,并排从下往上爬,一边爬,一边搜索。

来到半山腰,在几乎与北北受伤地点同一高度的地方,又出现了一些脚印。这些脚

气象神探贝贝狗系列

印比较清晰、完整。球球拿出速干塑胶液注入其中一个最清晰的脚印中，很快就拓出了一个清晰的足迹。

他们又继续往上寻找，在更高一点的地方，又出现了几个不同的脚印，球球把它们一一拓下来装进证物袋。

贝贝神探他们取完证后，继续往上走，

天外来箭

一直走到山顶，再没有发现其他有用的线索。贝贝觉得几个拓下的足迹不足以说明问题，于是他们又**原路返回**，来到刚才发现足迹的地方。

贝贝神探和球球对这片区域进行了更为细致的搜查，用放大镜在发现足迹的地方检查后，果然发现在那个足迹前有一个**小洞**，好像这儿曾经插过棍子之类的东西。球球往小洞里注入塑胶液，从拓下的模子上可以分析出，小洞曾经插过什么东西。

在这个区域的左边还有一棵小树，贝贝神探围着这棵树从上到下检查了一遍，在上面找到了一个**掌印**，还找到了树皮被拉掉的痕迹。球球把这些全都拍摄下来后，在北山的搜查工作就算告了一个段落。

贝贝神探和球球下山来到北北他们中间，与他们**告别**，祝他们玩得高兴，然后就上车回侦探所。

回到侦探所，球球把两天来搜集到的

气象神探贝贝狗系列

证物全部交给咪咪法医,让他进行鉴定、检验,自己则和贝贝神探一起回办公室休息。虽然昨晚睡了一觉,但仍然感到很累,困得不行。他们趴在桌子上,很快就睡着了。

也不知睡了多久,睁开眼睛时,只见咪咪法医坐在办公桌前,旁边的桌子上放着**热气腾腾**的鸡腿和卤鸡肝。香喷喷的味道让球球的口水直往下流,顾不得讲什么斯文,坐到桌子前就吃开了。贝贝神探也跟着坐到了桌子前,差不多一天没有吃到热的食物,眼前这热气直冒的食物能不让他们胃口大开吗?

贝贝神探边吃边向咪咪法医打听检验结果。

咪咪法医赶紧说:"**别着急**,还是先吃饭。吃完以后,再谈工作也不迟。"

等贝贝神探他们吃完饭以后,咪咪法医才开始汇报检验、鉴定的结果:那个箭头上的血迹DNA与北北的DNA相吻合,吻合率达99.99%,箭头就是射伤北北耳朵的凶器。

天外来箭

在北山找到的足迹中,像半朵花似的,没有爪痕,是属于**猫科动物**的。

球球心中一惊:"难道是老虎进村了?"

咪咪法医说:"不是老虎的,老虎的足迹没有那么小。"

球球又说:"那就是小猫的。"

咪咪法医接着汇报结果:"我在箭头上还查到了一个指纹。"

贝贝神探问:"查出是谁的指纹?"

咪咪法医说:"我把它与森林村的指纹数据库比对了一下,是小灵猫的。"

球球一下跳了起来:"谁?小灵猫?不可能吧!?他与北北是好朋友,绝对不会杀害北北的。"

贝贝神探也觉得**不可信**。他让球球先调查一下案发那天东东和花花的活动情况,特别是在北北受伤的那个时段,他们在干什么。

球球走了之后,咪咪法医对贝贝神探

气象神探贝贝狗系列

说:"至于那个小洞,我现在还没有查清楚,可能要过几个小时才会有结果。我要先去现场,把小洞内的土样取一些来分析。"

贝贝神探觉得咪咪法医说得**有道理**,就陪着咪咪法医一起坐车来到北山,找到那个小洞,沿着洞壁取了一些土样回来。

咪咪法医把泥土放入少量的水中,搅拌均匀后,再把水滤掉,在滤网上留下了一些很细小的物质。他把这些细小的物质放在高倍显微镜下,检查后发现,里面有很微小的**竹子纤维**。

竹子插在这个小洞里用来干什么呢?难道是谁用竹子作拐杖,在山坡上戳出来的洞?为什么在贝贝神探他们寻找的150厘米宽的范围内,只找到这么一个小洞?如果是用竹子当拐杖爬山,至少应该有一长串的小洞。

这一个小洞说明了什么**问题**?联想到射伤北北的那个箭头,难道插在小洞里的是

天外来箭

竹子做的弩？那是谁在北山坡上把弩插在地上，用箭射伤北北的呢？

凶器是小灵猫的

球球在贝贝神探他们讨论时，也回到了侦探所。球球汇报说，东东和花花都有不在**犯罪现场**的证据。那天，东东带着儿子到森林村南面去登山秋游，一同去的还有小区的其他居民。他们在山上玩了两天，今天下午刚回来。他们在山上拍了许多照片，东东还送了一张全家福给球球。

贝贝神探问："花花呢？"

球球说说："花花则和狗狗小区的七个好朋友一起去**海边烧烤**，由于秋天的海水比较凉，他们没敢下海游泳，而是在海滩上制作了很多的沙雕。"

贝贝神探说："制作沙雕可不是一件容

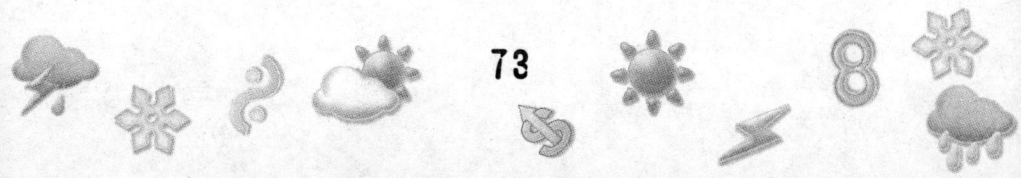

气象神探贝贝狗系列

易的事。"

"可不是嘛。他们制作的那个沙雕有1.6米高,他们用了半天的时间才做好。随后他们又用了两天的时间做了一个森林村的**气象站沙雕**,每天雕完都要喷胶固定。"

"想不到沙雕制作工艺这么复杂。"

"他们还将制作好的沙雕拍了照片。"

"有送给你吗?"

球球点点头,从口袋里掏出照片递给贝贝神探和咪咪法医看。

咪咪法医赞不绝口:"**佳作,真是佳作!**"

贝贝神探点了点头:"花花肯定不在犯罪现场。"

球球说:"没错,在海滩上制作沙雕的狗狗都可以作证。"

咪咪法医在一旁说:"我还是觉得小灵猫最可疑,无论是足迹,还是指纹都和他有关。"

天外来箭

　　球球不干了:"那你说他的犯罪动机是什么?他为什么要杀害北北?他们之间有什么利害冲突?他们之间有什么仇恨?"

　　贝贝神探说:"瞧你一说一大串的为什么,也可能这些为什么都不存在,小灵猫只是**无意之中**伤害了北北。"

　　球球困惑地看着贝贝神探:"如果我问的为什么都不存在,小灵猫怎么可能无意之中在相隔100多米的地方伤害到北北呢?"

　　贝贝神探说:"我们先别忙着讨论这些**不着边际**的问题。球球,你去把小灵猫叫过来,我们询问一下,说不定很快就能把问题搞清楚的。"

　　球球也觉得直接对话,对搞清楚问题更有帮助。他立即掏出手机给小灵猫打了电话,让他现在就到侦探所来一下。

　　小灵猫确实很灵活,做事**雷厉风行**,接了电话很快就出现在侦探所贝贝神探的办公室。球球热情地迎上前,端张凳子让他坐

下，还送上一杯茶。搞得小灵猫怪不好意思地说:"球球,你不要这么客气好不好,我又不是什么贵客。"

球球严肃地对小灵猫说:"我可没把你当**贵客**,请你来是有问题要问你。"

小灵猫迅速喝了口茶:"你们有什么问题尽管问,我是**知无不言,言无不尽**。"

贝贝神探问:"你有弓弩吗?"

小灵猫痛快地说:"有哇,你们想玩吗?可好玩了。"

贝贝神探接着问:"你平时都是在什么地方玩?这个弓弩危险吗?"

"我一般是在村子外的山上玩,没什么危险。那些地方去玩的动物不多,朝哪儿射都没有关系。"

"前两天你玩过弓弩吗?"

小灵猫**神气地**说:"有呀,我到村子北面那个小山坡上去玩的。"

天外来箭

"你能把那天玩的情况讲一下吗?"

小灵猫说:"我出去玩的过程,你们也要记录在案吗?"

贝贝神探:"不是,我只是**好奇地**问一下。"

小灵猫点点头说:"那天我和西西,还有几个好朋友一起去秋游。我们从一个小山坡的南边爬上山顶。太阳很晒,我们就下到北坡比较阴凉的半山腰停了下来。"

"你们都做了些什么活动?"

"他们在一起打扑克,我在半山坡玩弓弩。"

"你玩弓弩的**射击目标**是什么?"

"我都是以树为靶,射树干、树叶和树枝。"

"你只是射附近的树吗?你的箭射程有多远?"

"这个弓弩射程不是太远,箭太轻,我

气象神探贝贝狗系列
QIXIANGSHENTANBEIBEIGOUXILIE

射的**最远的距离**就是对面小山坡上那棵树。"

"射中了吗?"

"可能没有射中,我也没去看。就听到他们打扑克的又跳又叫,很热闹。所以,我也放下弓弩去打扑克。"

天外来箭

"你有没有听到谁在叫？"

小灵猫笑着说："就是我们那些打扑克的朋友在叫，特别是西西的声音最大。噢，对了，当时小狐狸在旁边练吹喇叭，那声音比放屁的声音还难听，吵死我了。"

"你看见对面那个山坡上有动物吗？"

"对面的山坡上哪有什么动物，全是灌木和野菊花，只有孤零零的一棵树。"

"山谷中有动物吗？"

"有梅花鹿在山谷露营、野餐，玩得可高兴了。"

贝贝神探问："你射箭不怕射伤到他们吗？"

小灵猫说："竹子做的箭比较轻，我怕射对面山坡上那棵树时，箭飞不了那么远，半中间落下来伤到他们，特意找了一根包了铁皮的竹箭，有重量才会飞得更远。"

"箭更重了，用的力气也要更大才行。"

"当然要用更大的劲,所以我把弓弩的一头插在地上,双手用劲,所以射的更远。"

"你能带我们到你射箭的地方再实地射一下,给我们看看吗?"

小灵猫特别高兴地说:"行,**没问题**。你们也想玩一下,是吗?那我们走吧。"

风是帮凶

贝贝神探、球球和小灵猫一起先坐车到小灵猫家里,取了弓弩,然后来到森林村北边的小山坡下。小灵猫把他们直接带到北边的半山坡,想在这里给大家**表演射箭**。

贝贝神探赶紧说:"还是在上次那个地方表演吧。"

小灵猫一听表演两个字可高兴了,但是

天外来箭

他记不清上次射箭的地方了,还是在球球的帮助下才找到的。

看到上次插弩的小洞,小灵猫高兴地说:"没错,上次我就是在这儿射箭的,你们要不要先试一下?"

贝贝神探摆摆手:"不用了,你先用没有铁皮的箭射击一次。"

小灵猫按照贝贝神探的吩咐射了一箭,果然,因为箭太轻没飞多远就落了下来。

贝贝神探又说:"你再用包着铁皮的箭射对面山坡上那棵树。"

小灵猫抽出一支包着铁皮的箭,贝贝神探接过来一看,与他们在现场发现的箭一模一样。

小灵猫朝对面那棵孤零零的小树射过去。贝贝神探跟踪那支箭,来到南边的小山坡,箭没有射中那棵树,射偏了,偏的方向正是北北受伤时所在的位置。

贝贝神探又回到北边的山坡,小灵猫把

弓弩交给他:"给,你们也来玩一玩,感觉很不错的。"

球球在一旁拨开小灵猫的手:"谁要玩你的弓弩。"

小灵猫有些**不解地**问:"你们不玩,那干吗让我带你们上这儿来?"

球球说:"我们是来办案的。"

小灵猫问:"你们办案关我什么事,把我叫来干什么?"

球球严厉地说:"因为你是**犯罪嫌疑人**。"

小灵猫很生气地说:"开什么玩笑?谁是犯罪嫌疑人?乱讲话是要负法律责任的。"

贝贝神探说:"是这样的,你在这里射箭的那一天,北北在对面山坡赏花,被箭削掉了耳朵尖。"

小灵猫又不明白了:"北北的耳朵受伤跟我有什么关系,我又没有去削她的耳

天外来箭

朵。"

"是你的箭射中了她。"

小灵猫一听就急了:"**不可能**,她坐在什么地方赏花?"

贝贝神探说:"她就坐在那棵小树左边30厘米左右的地方。"

"相隔那么远,我的眼力再不济,也不会射到她的。"

"你考虑到风的影响了吗?"

"那天没什么风,如果顺风,我可能就射到小树的后面去了;逆风就会射到小树的前面。那天我查了一下气象观测资料,是西北风2级。这么小的风对射箭**没有影响**。"

"你考虑过横风的影响吗?"

"如果是东风或者西风才会有横向风的影响,明明是北风怎么会有横向风的影响。"

"这样吧,我们用测风仪测一下这个山

谷的风好吗?"

"行,我看你能测到什么风?今天我看了一下气象观测资料,还是西北风2级。"

贝贝神探掏出**小型测风仪**把手伸向前方,小灵猫问:"你干吗要把手伸出去测?"

贝贝神探说:"你的箭是不是在空中飞行的?"

小灵猫**点点头**。测风仪上显示风速是4.5米/秒,风向是西风。

小灵猫看过后说:"为什么会这样?"

贝贝神探解释道:"这就是气象上的狭管效应,由于两边是山,中间会形成**穿堂风**。本来吹的是西北风,但吹到这儿受山坡的阻拦便拐了弯,风向就变成西风了,又由于山谷比较狭窄,因此风力会加大。"

小灵猫问:"这横向的风对射箭有什么影响?"

贝贝神探说:"我量了一下这支箭的直径,差不多是7.62毫米。这两座山的山脚相

天外来箭

气象神探贝贝狗系列

距100多米。"

"山腰和山顶的距离就更远了。"

"对,这个位置的距离差不多有300米左右。7.62毫米的子弹向365米以远射击,遇到4.4米/秒的横风时,会偏离34.5厘米。"

"我射出的箭应该和子弹差不多少。"

"所以,你的箭受**横风影响**偏离了30多厘米,刚好射中了北北的耳朵。"

小灵猫呼了一下坐在地上:"嘿,我真该死,现在该怎么办才好呢?"

贝贝神探对小灵猫说:"回去后,赶紧去北北家**赔礼道歉**。她是一个爱美的女孩,这下耳朵缺了一块,她伤心透了。"

小灵猫站起来:"好的,我马上就去,我要告诉她,等伤口好了就去整容,所需费用包在我身上。"说完就要往山下跑。球球拉住他:"你的四条腿快,还是四个轮子的车快?上车,我们送你到北北家,我们顺便也去看看她。"

白骨疑案

西西想开荒种地

天高云淡的秋季,夜晚的天空特别迷人,深蓝色的天空,点缀着**闪闪发亮**的小星星,它能让西西观赏一个晚上也不会犯困。这不,西西早早地吃完晚餐,就去找小灵猫,想让他陪自己一起去海滩上**看星星**。在海滩上看星星不但天大,地也大,特别心旷神怡。

西西来到小灵猫家时,小灵猫才刚刚准备吃晚饭。

听清楚西西的来意后,小灵猫嘲笑西西:"你的性子太急了。现在去海边是想看晚霞吧,不过现在去看晚霞都有点早。"

西西连忙说:"不着急,不着急。你就

白骨疑案

慢慢吃饭,等你吃完饭以后,我们再去。"

小灵猫看西西那副**可怜相**,就说:"要不,你喜欢吃什么,我再给你做一点,我们一起吃晚餐,好吗?"

西西赶紧摆摆手:"不要,不要。你没听说要想身体好晚餐要吃少吗?我不能再吃了,就坐在一边等你。"

小灵猫说:"你守在旁边看我吃,我能吃得下去吗?"

西西一听也有道理:"那我就到外面呼吸呼吸**新鲜空气**,你慢慢吃。"

小灵猫拦住西西:"不用,要不你看电视,我吃饭。"

西西笑嘻嘻地说:"行。"便自己动手打开电视,坐在椅子上看起来。

小灵猫端了一盘杏仁给西西:"秋天要多吃坚果,杏仁能降血脂、降血糖,还能美容。你边看电视,边吃杏仁,对身体没害,反而有利。"

西西高兴地接过杏仁,说了声:"谢谢。"

就在西西边看电视边吃杏仁的时候,小灵猫抓紧时间把饭吃完了。说老实话,平时小灵猫吃饭速度可慢了,今天为了西西,他可是尽了最大的努力,提高了吃饭的速度,并且比平时的晚餐至少少吃了1/3的饭量。看小灵猫吃完了饭,西西**迫不及待**地关掉电视,放下果盘。

小灵猫笑着说:"看来电视和美味的杏仁都比不上天上的星星有吸引力。好吧,我们走。"

西西和小灵猫走出家门,朝海边走去,路上不论碰到谁都会嘲笑他们,说他们想看星星都**走火入魔**了,太阳还没有落山,这么早到海边除了看海浪,还能看到什么。

西西他们没有理睬这些闲话,还是继续向海边走去。来到海滩上,只见旁边的树木在摇晃,风比森林村里的要大,但坐在海滩

白骨疑案

上享受海风的吹拂还是很舒服的。

天还很亮，一直坐在沙滩上确实很无聊，小灵猫提议不如先去**抓螃蟹**。他们各捡了一根小树枝在沙滩上找螃蟹留下的小洞，然后用树枝去捅。其实根本不用捅，就能在沙滩上找到不少到处横行的螃蟹。

西西以为自己的力气大，一拍一个准，谁知他是拍拍落空，一只也没有抓到，气得

他用手在沙滩上乱拍一气。后来干脆躺在沙滩上打滚，希望用身体来压死螃蟹。但毫无效果，只滚了自己一身的沙子。

抓螃蟹靠的是灵巧，动作要快，光使蛮劲是没有用的。小灵猫就不一样，他的行动敏捷，瞄到一个螃蟹后，他会悄悄地靠近，迅速地伸出手来抓住它。所以，只要他伸手，基本上都能抓到。

小灵猫把抓到的螃蟹都装进一个随身携带的小口袋里。抓着抓着，就开始看不清螃蟹的踪迹了。

小灵猫急了："怎么搞的？是不是看沙子看久了，眼睛容易看累，螃蟹都要看不见了。"

西西大笑起来："什么眼睛看累了，是天已经黑了，当然看不清。"

小灵猫有些沮丧地说："真糟糕，我还没有抓到几只，明天想做一盘菜都不够。"

西西安慰他说："喂，你别忘了，我

白骨疑案

们今天来的主要目的是看星星。哪天我陪你来抓螃蟹，抓一整天，就可以做好几盘菜了。"

西西这么一说，小灵猫想了起来："哦，我把今天的主要任务给忘了，都是抓螃蟹给抓的。"

说完，小灵猫抬头往天上望去，黑蓝色的天空已经有星星跑出来了。他赶紧和西西躺在沙滩上，欣赏天上**不断闪烁的星星**。他们俩边看边评论哪颗星星最亮、最大，可意见总也统一不了。当小灵猫指着一颗在天空移动的、又大又亮的星星发表意见时，得到了西西的赞同。

但小灵猫很快又否定了自己："那不是一颗星星，应该是**一颗人造卫星**。"

西西问："为什么？"

小灵猫指着那颗星星说："你看天上的星星哪有移动的，它们只是一会儿亮一点，一会儿暗一点。而这颗星星一直在缓慢地移动,只有人造卫星离地面更近,才能看到它在移动。"

西西只是"哦"了一声。看着,看着,他们开始不停地打哈欠。

西西说:"小灵猫,我们说说话吧。"

小灵猫说:"行呀。你有什么要说的话,尽量说来听听。"

西西停了一下:"小灵猫,你说我开荒种地行不行?"

小灵猫莫名其妙地看着西西:"干吗?是想锻炼身体,还是没东西可吃?"

西西说:"森林村的居民越来越多,很多森林和灌木都被砍伐掉了,我平时吃的蕨类植物也越来越少。所以,我想自己种一些蕨类植物。"

小灵猫叫道:"好哇,自力更生样样有。你干脆多挖一些地,多种一些其他的植物。"

西西高兴地说:"行。你想吃什么?我

白骨疑案

帮你种。"

小灵猫想了一下:"种一些蔬菜吧。"

西西好奇地说:"我平时很少看到你吃蔬菜。"

小灵猫说:"就是因为没有吃蔬菜,所以我的皮肤才会经常这儿发炎,那儿发痒。咪咪法医让我多吃一些蔬菜。"

西西拍拍胸脯:"那好办,我多挖一些地就好了。还要种什么?"

小灵猫又提了几个建议:"大家喜欢吃的花生、大豆等也可以多种一些。"

西西点点头:"没问题。现在是秋天,冬天我就去挖地,一开春我就去下种。蔬菜长一个多月就能吃。"

小灵猫说:"到时候我和你一起去挖地。"

西西看着星星说:"我看你帮不上多大的忙。"

小灵猫斜眼看了西西一眼:"我帮你把

地里的树根和乱石捡出来，扔到一旁总可以吧。"

西西笑着说："哈，你做这些还行。到冬季快结束时，我叫上你一起去开荒。"

挖出白骨

已经到了深夜，他们躺在沙滩上不再交谈，而是默默地看着天空闪烁的星星，在不知不觉中就睡着了。等他们醒过来时，天已经大亮，有几只小鹿和小狗正围在他们的身边，有的在笑，有的则手拿草棍在他们脸上**拂来拂去**。

小灵猫气得跳起来要打这几只小鹿和小狗。西西拉住了小灵猫："别，小家伙是和我们开玩笑的，不要打他们。"

小灵猫这才停手："那我们回家去吧。"

白骨疑案

西西说:"好,记住,冬天去开荒哦。"

时间就在森林村这些居民们每天吃、玩、睡,这样一成不变的生活中慢慢走到了冬末。这天,天气很晴朗,虽然气温比较低,还不到5摄氏度,但因为风很小,充其量只能算1级风吧,所以体感温度不是很冷。

西西心想:这种天气去开荒,是天助我也。这么好的天气不出去活动活动,那就太对不起自己了。**说走就走**,西西带上开荒用的工具,就去找小灵猫。

可能是**心有灵犀**吧,小灵猫一早起来看到外面的天气这么好,就知道西西肯定会来找自己去开荒,因此,也做好了劳动的准备。心想挖地的工具自己不用带,就准备了一个小篮子,用来捡地里的石头和树根,还顺便带了一些食物。

小灵猫站在家门口没等多久,西西就到了,他们二话没说,就朝森林村北边那片原

始森林走去。从小灵猫的家到那片原始森林的距离可不近，他们走了2个小时，将近中午才到达**目的地**。

一看到那片原始森林，西西就特别兴奋，他拿出锄头就在森林旁那片积了厚厚的落叶和腐烂植物的地方挖了起来。

小灵猫看到这片土地后，**赞叹道**："哇！这片土地可真肥沃，只要老天不干旱，不管种什么都会大丰收的。"

不过，土地虽然很肥沃，但因为从来没有被开垦过，除了上面的腐烂物比较松外，下面的地挖起来还是比较费劲的，很快西西就**大汗淋漓**了。

小灵猫的工作倒是比较轻松，在已经翻过的土地上，几乎没有什么乱石，偶尔会挖出一点小树根，其实捡不捡都无所谓的，留在地里时间长了，说不定腐烂后还能当肥料呢。

小灵猫**悠悠哉哉**地跟在西西的后面，

白骨疑案

看到他满头大汗，便好心地说："西西，休息一下吧。这挖地是没有任务的，能挖多少就种多少。咱又不欠谁的，别那么辛苦。"

西西站直身子休息了一下说："嘿，既然来开荒就多开一些，挖一小块就没意思了，还不如不来的好。"

气象神探贝贝狗系列

小灵猫听西西这么一说，就不吭声了。看看跟在西西后面没多少事好做，便走到一边，用杂草铺了**一张大垫子**，准备让西西休息用。又去附近的小河中装了一大瓶水，还顺便采了一些嫩嫩的蕨菜，好给西西充饥。小灵猫把这一切都准备好了以后，自己就坐在一旁，吃了一些带来的食物，等候西西过来休息。

差不多挖了有一亩地时，西西累得受不了，看看时间已经是下午4点多，于是放下手中的工具，来到小灵猫的身边。坐在舒适的草垫子上，西西向小灵猫**表示感谢**。

小灵猫把蕨菜和水递到西西的手上，看着他大口地吃着蕨菜，喝着水，心里很是满意。

吃完东西后，西西才缓过劲来："休息一下，我再去挖。"

小灵猫急忙用手压住他的肩膀："好了，今天就到此为止吧。冬天**昼短夜长**，别看才4点多钟，天很快就会黑下来的，还是

白骨疑案

回去吧。"

西西摇摇头："好不容易碰到一个好天气，不多开点荒心不甘。"

小灵猫说："放心吧，我听了气象台的天气预报，近期没有什么天气系统影响森林村，这种好天气能维持一段时间。"

西西想了一下说："那好吧，我在这儿休息，你去捡石头。"

小灵猫说："哪有什么石头，我刚才捡了那么长的时间，都没捡到什么东西。"

西西坚持说："真的，我最后挖的那一片地里有好几块**白色的石头**。"

小灵猫不相信："怎么可能有白色的石头？是不是挖到宝石了？要是宝石，我们就发财了。"

说完，小灵猫提着篮子走向那片刚挖的土地，不一会，西西就听到小灵猫在大叫：

"**不好了，出命案了！**"

西西吓得在地上跳了起来，赶快奔向

气象神探贝贝狗系列

小灵猫。只见小灵猫用手指着地上的白色石头，哆哆嗦嗦地直叫唤。西西蹲下来仔细一看，也吓得差一点扑倒在地。可不是嘛，地上那几块白色的石头竟然是**动物的骨头**。

小灵猫哆嗦地掏出手机给贝贝神探打电话："贝贝神探，赶快到北边的原始森林来，这里发生了命案。"

贝贝神探让他们待在原地不要动，他和球球马上坐车赶来。还是四个轮子快，小灵猫他们走了2个小时的路，贝贝神探他们十几分钟就到了。

贝贝神探和球球来到西西挖好的土地旁边，一眼就看见了那些白白的骨头。这是谁的尸骨？是什么原因造成的？……一长串的问题出现在贝贝神探的脑海里。可是，只凭挖出来的这几块不完整的白骨，要寻找答案可不是一件容易的事。现在只有等咪咪法医化验后，才有可能发现一丝**破案的线索**。

球球走进地里，边看这些白骨，边往证

白骨疑案

物袋里装。

球球一边装,一边说:"这些骨头太破碎了,根本看不出是什么部位的骨头。我看咪咪法医也很难查清楚是谁的骨头。"

听球球这么一唠叨,贝贝神探对西西说:"你能否再开挖一些荒地,看是否能找出更多的证据。"

小灵猫赶紧接过话题:"**没问题**,不过今天天快要黑了,气温也下降了,只能等明天再来挖。"

贝贝神探说:"对,对。我一心想到破案,差点昼夜不分。你们明天挖到新的证据后,立即告诉我们。"

白骨越来越多

西西点点头,拉着小灵猫的手正要离开时,被球球拦住:"嘿,西西,你还想走

气象神探贝贝狗系列

回去？这么远的路，放着汽车不坐，找罪受呀？"

说完就把西西往汽车里推，小灵猫也跟着上了汽车。回到森林村，西西和小灵猫忙着洗澡、吃晚餐、休息。忙了一整天，别说，还真**累得够呛**，往床上一躺就睡着了。

贝贝神探可没有那么轻松，他先把装有白骨的证物袋交给咪咪法医。咪咪法医隔着袋子看了看这几块白骨，说："**太碎了**，很难鉴定出是什么动物的骨骼。"

贝贝神探说："那就先不要忙着鉴定，如果西西开荒还能挖出白骨，再一起做鉴定；如果再也挖不到，就寻找另外的**鉴定方法**。"

西西到底是心中有事，天才蒙蒙亮就起床了。他**迫不及待**地吃完早餐，带上了中午的干粮，就去找小灵猫。小灵猫也已经做好了出发的准备工作，并带好了中午要吃的

白骨疑案

肉干，正等着西西来叫他呢。

远远地看见西西**摇摇晃晃**地走了过来，小灵猫赶紧带上食物，关好房门迎上西西，一起朝昨天那片原始森林走去。

来到昨天挖好的那片土地时，西西突然感觉有些紧张，手心一直往外冒汗。他转过头看看小灵猫，小灵猫的样子不仅紧张，好像还有些害怕似的，两条腿还有点打哆嗦。

西西伸手牵着小灵猫的手："小灵猫，你是不是有些害怕了？"

小灵猫点了点头："没错，不过你的手这么潮湿，一定不比我好多少。"

西西说："我只是感到有些紧张，你希望今天能挖到白骨吗？"

小灵猫摇摇头："不知道，想到会挖出白骨，我的**汗毛都竖起来了**。"

西西说："我也有点害怕。但想想如果不能多挖出一些证据，贝贝神探破起案来就比较困难，又想再挖到一些白骨。"

气象神探贝贝狗系列

小灵猫叹了口气:"好了,还是赶紧干活,不要讨论这些问题了。说不定今天挖不到白骨。"

西西想想也对,干吗要**自寻烦恼**,于是便拿着锄头动手开荒。小灵猫开始时,还提着篮子跟在后面,但才走了几步,就害怕地退到边上去了,其实当时他什么也没有看到。

嘿,越是害怕,还越是有事。小灵猫站在挖好的地边上,两眼直勾勾地盯着西西挖过的土地,一块白色的东西露出地面。

小灵猫语无伦次地叫道:"白……白骨……白骨!"

西西低头看了一眼:"你是叫白骨吓傻了吧。这哪是白骨,只是一块颜色有点浅的石头而已。"

小灵猫**不好意思地**擦擦自己头上的虚汗。不过,不等小灵猫完全安下心来,真的有几块白骨从西西的锄头下露了出来。西西

白骨疑案

停下手中的锄头,蹲下来查看。

西西对着小灵猫大声叫道:"快给贝贝神探打电话,又挖到白骨了,比昨天的更大块,更多。"

不等西西讲完话,小灵猫的电话就快打完了。很快,贝贝神探就和球球一起赶了过来。

气象神探贝贝狗系列

果然,第二天挖出的白骨更多,现在不需要用锄头,从已经挖开的土壤的截面上就能看到很多的白骨。不过,贝贝神探还是让西西**小心地**深挖一下看看。哇!越往下白骨越多。看起来,这儿好像是一个动物的墓葬场。

由于白骨太多,想一起搬回去是不可能的,并且也不需要。球球从这些白骨中挑选了一些大块的,能分辨出是动物的哪个部位的,如头骨、腿骨和肋骨的骨头装进大的证物袋中。就是这样挑选也装了半个车厢。

当汽车要发动时,小灵猫走到汽车跟前:"球球,我要跟你们一起回森林村去。"

球球问:"你不开荒了?"

小灵猫连忙说:"**不开了,不开了**。这么多的白骨,怪吓人的。"

球球把脸转向西西:"你要不要回去?"

西西拿着锄头**赶紧跑到汽车边**:

白骨疑案

"回去，回去。本来有小灵猫陪着我，胆子还大一点，他一走，我哪敢待在这儿。"

小灵猫声音颤抖地问西西："那不种蕨菜了？"

西西说："等问题搞清楚以后再说吧。不要蕨菜还没长出来，命都丢掉了，还是保命要紧。"

辛辛苦苦开了一天多的荒，算白干了。西西和小灵猫随汽车回到森林村，暂时不再提开荒的事，在家老老实实过日子。

贝贝神探和球球回到侦探所就开始忙碌起来，球球把一大堆的白骨证物送到咪咪法医的工作室，让他进行鉴定，看这些白骨是什么动物的遗骨？他们死于什么时间？死亡原因是什么？

贝贝神探则上网查找有关动物的资料，特别是历史资料。从原始森林埋有大量的白骨来看，这应该不是个别动物的谋杀案，好像是什么动物的**大屠杀行为**。

气象神探贝贝狗系列
QIXIANGSHENTANBEIBEIGOUXILIE

贝贝把网上的相关资料调出来一看，哇！这么多的资料，从哪儿着手研究呢？还是等咪咪法医把这些白骨的死亡时间查清楚以后，再上网查资料吧，那样能有的放矢，就好查多了。想到这儿，贝贝神探起身来到咪咪法医的工作室。

动物为何成群死亡

面对眼前的一大堆白骨，咪咪法医一下子还不知从何处着手才好，是先检查这些白骨属于什么动物的，还是先检查他们的死亡年限和原因呢？正在他一筹莫展之时，贝贝神探来了。

看到咪咪法医坐在白骨堆前发呆，贝贝神探问："你干吗发呆？是哪里不舒服吗？"

咪咪法医摇摇头："不是，看到这一大

白骨疑案

堆白骨，我有些犯愁，不知从何查起。"

贝贝神探说："这样吧，你先查一下这些动物的**死亡时间**好吗？"

咪咪法医点点头站了起来，从柜子里搬出一台仪器。

贝贝神探**好奇地**问道："这是什么仪器，查什么的？"

咪咪法医告诉贝贝神探："这是碳14同位素鉴定仪，可以用来测定这些白骨的时间。"

贝贝神探一听可高兴了，没想到测出白骨的死亡时间这么容易。干脆就等在这里，等拿到结果就可以上网查资料了。

咪咪法医挑了几块白骨放在碳14同位素鉴定仪前**进行检测**，每块白骨都显示，它们是200年前遗留下来的。

贝贝神探看到结果后，准备回办公室查资料，临走时问咪咪法医："这是什么动物的白骨？什么时候可以查清楚？"

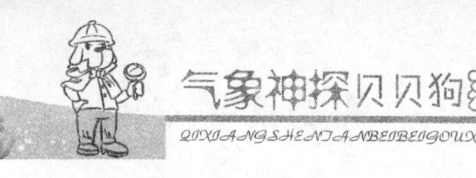

咪咪法医说:"这一大堆的白骨要查清楚,可能要一天的时间。"

贝贝神探点点头,就回办公室去了。他打开电脑,把200年前后20年的有关动物的资料调出来,查来查去都查不到在森林村这片原始森林,曾经有过动物大屠杀的记载。

这些动物究竟是如何死亡的?他们的白骨现在暴露在**光天化日之下**,是天意,还是这些冤死的动物想给世界留下什么警世名言呢?

如果不是大屠杀,还有什么原因能造成这些动物的集体死亡惨案呢?是气候的变迁将他们送入坟墓的吗?可惜森林村的气象站建站历史太短,还不到200年,能不能从森林村周围的气象历史资料中查出原因呢?

如果200年前曾经出现过大的洪涝灾害,这些动物被淹死后,尸体被洪水冲到此地,应该会形成**动物大坟场**。但从历史资料上看,这里几乎是一片平原地,没有能抵挡洪

白骨疑案

水的屏障——山脉或者高地，即使是有洪涝灾害，也不可能在这儿形成坟场。如果是大冰冻灾害呢？动物们不可能集中到一个地方冻死吧。

千思万想，贝贝神探怎么也想不通。他把周围的气象资料调出来，也理不出一个头绪来。有什么办法可以查出200年前森林村的气象环境呢？

贝贝神探把在学校学习时的课本拿出来翻阅，好，从树木的生长情况可以看出当时的**气候环境**。原始森林那里全是树木，不妨锯一棵树来研究一下。

贝贝神探叫上球球，又想到这是一个力气活，单靠他们两个人的力量是不够的，于是把大力士西西也叫去帮忙。

贝贝神探先找了一棵中等粗细的树，用小刀割开一个小口子看了看，再用尺子量了量，然后摇摇头。又在旁边找了一棵更粗的树，让西西锯断它。

气象神探贝贝狗系列

正要动手锯树时,西西不干了:"这么好的一棵树,锯掉太可惜。我不干。"

贝贝神探说:"其实我心里也很**舍不得**,可是要把案情搞清楚,做一些牺牲也是必要的。"

西西说:"那我们为什么不锯一棵小树?"

"这些白骨是200年前留下来的。我们要搞清楚他们的**死亡原因**,就得搞清楚200年前的气候环境。"

"难道只有大树知道,小树不知道吗?它们生长的土地都是一样的。"

"我们要根据树木年轮来查清楚当时的气候条件。"

西西问:"什么是树木年轮?"

这时球球和宝宝都围了过来,他们也觉得这个问题很新鲜,很吸引人,都想听听有关树木的知识。

贝贝神探让大家坐下来,说:"在锯开

白骨疑案

的树木横断面上有一圈一圈的印痕，这就是**树木的年轮**。数一数横断面上有多少个圈，就能知道这棵树生长了多少年。"

西西又问："刚才我看你在另一棵树上割了一个小口子，那干吗不锯它？"

贝贝神探说："我是看那棵树的树皮有多厚。"

"树皮也跟生长时间有关？"

"树皮的厚度超过4厘米，树龄就在200年左右。刚才我割的那棵树，树皮只有3厘米左右，所以就换了**一棵更粗的树**。"

西西指着一棵很粗的树说："那天，我不小心碰破了那棵树的树皮，我量了一下，树皮差不多有30厘米，不知道它的年龄有多大？"

贝贝神探说："树皮厚度达到30厘米，这棵树应该生长了1千多年了。"

西西瞪大了眼睛，嘴巴张着，半天没有吭声。

气象神探贝贝狗系列

倒是宝宝忍不住了:"哇,这棵树生长了1千多年,**真坚强**。"

这时西西拿起电锯准备锯树:"贝贝神探,既然破案需要这棵树的横断面,那我就锯了。"

贝贝神探点点头,和球球、宝宝躲在一旁,看着西西锯树。别看西西身高力大,生长了200多年的大树,也不是一下就能锯断的。幸好用的是电锯,比较省力,但电锯在锯树时必须用劲才能握住它,所以西西还是累得**满头大汗**。

在大树就要被锯断时,贝贝神探让西西停下来,他怕大树被锯断后,倒下来压到谁,那后果就严重了。他叫上球球、宝宝来到这棵大树前,和西西一齐用力,把即将锯断的大树推倒了。

球球**迫不及待**地低头看眼前这棵大树的断茬,上面真的有一圈圈的印痕。

球球抬头问道:"贝贝神探,这个年轮

白骨疑案

是怎么形成的？"

贝贝神探解释给大伙："在树木的生长过程中，在树皮和中间的木质之间有一层整齐的围成一圈的细胞，它们不断地分裂，树木就会越长越粗壮。春、夏季雨水充沛，阳光明媚，细胞分裂得快，个儿也大，木质显得疏松，颜色也浅。"

球球说："那秋、冬季雨水少，天气也渐渐变冷，细胞分裂得慢，个儿也小，木质细密，颜色就深。这样就形成了我们能看清楚的年轮。"

贝贝神探点点头："对，就是这个道理。"

西西**着急地**说："这么粗壮的大树给锯断了，年轮也出来了，快破案呀。"

老鼠是元凶

贝贝神探说："别着急。我们要好好分析一下年轮。"

西西问："这有什么好分析的，不就是一个个的圆圈嘛？"

贝贝神探："让我边分析，边给你们解释。"

白骨疑案

看贝贝神探手拿放大镜，低头分析树木年轮，样子**很辛苦**。

西西手拿电锯："贝贝神探，你让开来，让我再锯一段，拿回侦探所给你分析，省得你这么辛苦。"

贝贝神探一听，也有道理，便离开那个树桩，让西西锯它。开始西西比划了一下，想贴近地面锯，那样锯下来的树桩高度差不多有50厘米。

贝贝神探**制止了他**："不用锯那么厚，太重了，搬起来也不方便。锯薄一点，有10厘米就够了。"

西西说："锯太薄了，怕树的年轮会开裂，没法分析，还是锯厚一点好，你们搬不动，有我呢。"

西西最终在30厘米左右的地方开始锯的，这下锯起来轻松多了，因为少了上面大树的压力，很快就锯好了。锯好后，大伙就帮忙把这一段树桩搬上汽车。收拾完工具

后,大家就坐车回侦探所。

本来贝贝神探想让西西回家休息,但西西不干,他想看贝贝是怎么分析的,想知道从这个树桩上能分析出什么结果来。并且,西西还给小灵猫打了电话,让他也来学习一些有关**树木年轮的知识**。

贝贝神探把这段树桩放在桌子上,用放大镜慢慢地分析起来。

他指着年轮问大家:"你们看这些年轮均匀不均匀?"

西西说:"没什么不均匀的,就是围着中心一圈又一圈地往外长。"

小灵猫提出了不同的看法:"均匀什么呀?你看有的宽,有的窄,怎么会均匀呢?"

贝贝神探肯定了小灵猫的说法:"对,我们仔细看看,可以发现这些**年轮是有宽有窄的**。"

小灵猫指着一圈比较宽的年轮问:"贝

白骨疑案

贝神探,你看这一圈好宽,这是为什么?"

贝贝神探说:"这说明这一年的天气不错,**雨水充沛**,气候比较温暖。树木的细胞迅速分裂出许多大个的新细胞,树木的生长也迅速。"

小灵猫又指着一个靠近中心的年轮:

当气候温暖,雨水充沛时,年轮就宽,气候寒冷干旱时,年轮就窄。

气象神探贝贝狗系列

"这一圈怎么这么窄?"

贝贝神探说:"这表示当年的天气比较干旱,雨水很少,或者气温较低,细胞的分裂速度减慢,细胞的个子也小,树木生长缓慢。"

说完贝贝神探就用手一圈圈地数着年轮,数着数着,他**兴奋起来**。

贝贝神探说:"嘿,正巧,这最窄的一圈就是200年前的年轮。"

小灵猫不明白了:"200年前的年轮跟那些白骨有什么关系?"

贝贝神探说:"如果当年比较干旱,那疑点就解开了。"

西西问:"是不是干旱把这些动物都渴死了?"

正在这时,咪咪法医走了进来,他把那些白骨的鉴定结果交给贝贝神探。

贝贝神探对咪咪法医说:"我就先不看

白骨疑案

文字材料了，你说说**鉴定结果**吧。"

咪咪法医说："这些白骨尾骨较长，趾骨也长，白齿比较发达，应该是一些食肉动物，应该是以捕食小型动物为主的动物。"

西西想了想说："那应该是狐狸、黄鼠狼之类的动物。"

咪咪法医又说："另外还有头骨上有三道矢状脊的灵长类动物。"

西西说："是不是猩猩之类的动物？他们偶然也会捕食一些小型动物的。"

咪咪法医补充说："还有一些好像是鸟类的骨头。"

小灵猫问："你怎么知道是鸟类的骨头？"

咪咪法医解释道："因为有几根骨头特别轻，鸟类为了能在**空中飞行**，所以骨头会比较轻一些。"

西西问："有些鸟类，像老鹰也会吃小动物的，但这些与白骨有关吗？"

贝贝神探这时候说话了:"看来,你们都分析得差不多了。你们听说过一种叫汉江的病毒吗?"

咪咪法医说:"这是一种世界上**最致命**的病毒,患者死亡率高达38%。"

小灵猫心里一惊:"哇!好恐怖呀!"

咪咪法医说:"**老鼠**是汉江病毒的主要传播媒介。"

西西还是不明白:"这些与白骨有关系吗?"

贝贝神探说:"我们已经知道200年前,这里出现过严重的**干旱天气**。遇到干旱少雨的天气时,老鼠都会集中在有水的洞中生活。"

小灵猫听了担心地说:"啊,洞中有**汉江病毒**,我们以后千万不要到山洞里去玩了。"

西西说:"不可能,我们经常去山洞里玩,也没有被汉江病毒害死。"

白骨疑案

贝贝神探说:"不是洞穴中有汉江病毒,而是三分之一的老鼠身上都带有这种病毒。"

小灵猫问:"那跟干旱有什么关系?"

贝贝神探说:"老鼠都待在洞穴中,就会相互传染。"

小灵猫又问:"在老鼠之间传染,死的应该是老鼠,和那些白骨有什么关系?"

贝贝神探说:"虽然病毒在老鼠之间传播,但它们都没有死亡。一旦天下雨,解除了干旱,老鼠就会从洞中跑出来。"

小灵猫挠了挠头:"**我明白了**,他们跑出来就把病毒传染给其他动物了。"

贝贝神探又说:"老鼠在有水源地方饮水,到处解粪便,喜食小动物的动物们吃了老鼠肉,就会**传染上汉江病毒**。"

西西问:"传染上这种病毒后会怎么样?"

咪咪法医说:"会出现肺部积水、鼻孔

气象神探贝贝狗系列

出血、呼吸困难等症状。"

西西又问:"为什么会集中死在这儿呢?"

贝贝神探说:"如果当时传染上汉江病毒的动物有发烧症状,他们就会到有水源的地方来饮水。"

西西想了想:"难道当时那里是一个小水塘吗?"

贝贝神探说:"我们现在没有资料可查,但有这种可能。由于那里是个小水塘,生病的动物去那里饮水时,**倒地而亡**。"

西西问:"这种病死的很快吗?"

贝贝神探说:"一旦染上汉江病毒,不但死亡率高,死亡的速度也很快。"

西西终于弄明白了:"原来动物的坟场是这么回事,我不害怕了。小灵猫,那我们明天继续去开荒好吗?"

小灵猫点了点头:"**没问题**,我们一起去开荒。"